河西走廊制种玉米生产问题与解析

◎詹 文 陈 叶 马银山 主编

中国农业科学技术出版社

图书在版编目（CIP）数据

河西走廊制种玉米生产问题与解析／詹文，陈叶，马银山主编. --北京：中国农业科学技术出版社，2023. 11

ISBN 978-7-5116-6557-7

Ⅰ.①河…　Ⅱ.①詹…②陈…③马…　Ⅲ.①制种-玉米-栽培技术　Ⅳ.①S513

中国国家版本馆 CIP 数据核字（2023）第 232903 号

责任编辑	倪小勋
责任校对	马广洋
责任印制	姜义伟　王思文

出 版 者	中国农业科学技术出版社
	北京市中关村南大街 12 号　　邮编：100081
电　　话	（010）82105169（编辑室）　　（010）82109702（发行部）
	（010）82109709（读者服务部）
网　　址	https://castp.caas.cn
经 销 者	各地新华书店
印 刷 者	北京地大彩印有限公司
开　　本	185 mm×260 mm　1/16
印　　张	12.5
字　　数	280 千字
版　　次	2023 年 11 月第 1 版　2023 年 11 月第 1 次印刷
定　　价	45.00 元

《河西走廊制种玉米生产问题与解析》
编委会

前　言

　　玉米亦称玉蜀黍、苞谷、苞米、棒子，是全世界总产量最高的粮食作物之一，也是单产潜力最大的作物之一。我国地域辽阔，玉米种植区域广泛，主要集中在北方春播玉米区、黄淮海平原夏播玉米区、西南山地玉米区、南方丘陵玉米区、西北灌溉玉米区、青藏高原玉米区六大区域。据统计，2022 年全国玉米播种面积达 4 307 万 hm²。农业农村部 2023 年"三农"重点工作会议将大豆、玉米作为重点发展作物，启动主要粮油作物单产提升工程，扩大适宜地区大豆玉米带状复合种植，粮油并举，扩面积，增产量。因此，对于玉米而言，稳住产量、提高单产成为首要任务。

　　与水稻、小麦等传统粮食作物相比，玉米具有很强的耐旱性、耐寒性、耐贫瘠性以及极好的环境适应性。玉米的营养价值较高，是优良的粮食作物。玉米是畜牧业、养殖业等的重要饲料来源，也是食品、医疗卫生、轻工业、化工业等产业重要的原料。玉米具有抗氧化、抗肿瘤、降血糖、提高免疫力和抑菌杀菌等多种生物功能，有广阔的开发及应用前景。

　　河西走廊涉及武威市、金昌市、张掖市、酒泉市、嘉峪关市，因位于黄河以西，为合黎山、祁连山两山夹峙，故名河西走廊。河西走廊有三条内陆河，分别是石羊河、黑河以及疏勒河，三条河的中下游分布着冲积平原，地势平坦、土质肥沃、灌溉条件好，便于开发利用，是河西走廊绿洲主要的分布地区，祁连山冰雪融水形成的三大水系都穿越绿洲，为引水灌溉提供了有利条件。河西走廊全年日照可达 2 550～4 000 h，无霜期 140～170 d，光照资源丰富，对农作物的生长发育十分有利，加之气温日变化大，有利于农作物的干物质积累。同时，河西走廊属大陆性干旱气候，降水很少，年降水量只有 200 mm 左右，干燥的气候使病虫害发生较轻，是我国玉米制种最佳的黄金地带。目前，河西走廊已经发展成为我国重要的商品粮基地，玉米是该区域的主栽作物，栽培面积占适播区播种面积的 50% 以上，其中张掖市杂交玉米制种面积常年稳定在 100 万亩（1 亩 ≈ 667 m²，全书同）左右，年产玉米种子 4.5 亿 kg，占全国供种量的 45%，每年供应全国 3 亿亩大田玉米生产用种，所产玉米种子以籽粒饱满、色泽好、发芽率高、纯度好而闻名全国，被誉为"天然的玉米种子生产地"，是农业农村部认定的国家级玉米种子生产基地。2011 年"张掖玉米种子"成为地理标志证明商标，是国内唯一的农作物种子地理标志证明商标。2013 年 7 月，张掖市被认定为国家级杂交玉米种子生产基地，甘州、临泽、高台三县（区）被认定为国家育制种基地县。2020 年，张掖市玉米制种面积和产量分别约占全国的 42% 和 40%，这意味着全国每两粒玉米种子中就有一粒产自张掖。

制种玉米的选地、品种选择、栽培管理、病虫害防治、种子加工和贮藏等与玉米产业发展有着密切的关系，某一环节出现问题，就会造成减产减收，甚至绝产绝收，影响玉米产业的健康发展。近年来，新的品种不断被选育出来，良种良法需要配套，用肥、用水、用药技术在不断进步，新的病虫害不断出现和发生，河西走廊玉米产业发展中的问题还需分析、解决。为此，编写组成员结合多年的理论和实践经验，编写了《河西走廊制种玉米生产问题与解析》一书。

本书采用问答的形式，以农民在制种玉米生产中的实际需求为基础，分析了制种玉米当前生产上的疑难问题，并提出了解决问题的方法，把理论知识融于疑难解答之中，语言通俗易懂，具有地方性、实用性和选择性强的特点，相信对广大种植户和从事玉米制种的技术人员有一定的帮助和启示。

在本书的编著过程中，詹文主要完成了组织和统稿工作；陈叶主要完成了第一章、第二章、第四章以及第十章的部分工作，共计 12.15 万字；赵芸晨主要编写了第三章内容；徐丽丽主要完成了第三章和第十章的部分内容；张有富主要编写了第五章、第六章，以及第七章的部分内容，共计完成约 12.1 万字；马银山主要完成了第七章的部分内容；罗天、李海、贺正业、王立军、汪小海、王彩平主要完成了第八章和第九章的内容，陈思远主要进行了资料的收集、录入和校正工作。本书部分内容来源为甘肃省科技厅重点研发（农业类）项目"河西走廊制种玉米根际微生物动态变化及有益拮抗菌筛选研究"（22YF7NG128）和甘肃省教育厅产业支撑计划项目"河西走廊高质量玉米种子生产技术集成创新与应用"（2022CYZC-62）。《河西走廊制种玉米生产问题与解析》得到了张掖市金葵花种业有限责任公司的资金支持，在此表示衷心感谢！

由于编写时间短，编写水平有限，书中难免有不妥之处，谨请各位专家、读者赐教。

编　者

2023 年 3 月 25 日

目　录

第一章

制种玉米土壤耕作的问题与解析

1. 如何选择制种玉米基地？

玉米有喜肥、喜水、喜光照、喜温热的特性。因此，制种玉米基地应选择光照条件好，有效积温高，地势平坦，有机质含量较高、土层深厚、中性或偏酸性的土壤，这样才能满足玉米生长发育的需要，有利于稳产、高产。过酸、偏碱或者贫瘠的土壤都不利于玉米的生长。同时，选择有灌溉条件的，以保障玉米的生长和发育，提高产量和品质。另外，为了防止玉米品种花粉的混传，要考虑设置隔离区，确保种子的纯度和质量。

2. 如何调节土壤的透气性？

土壤的透气性影响着土壤的气体交换和自净能力。土壤透气性与土壤颗粒的大小成正比。土壤的透气性主要通过调节土壤含水量来进行调控，方法如下。

（1）改良土壤结构。主要措施有：合理耕作；深耕并施用有机肥；调节土壤酸碱度；适当应用土壤结构改良剂等。

（2）科学合理的耕作技术措施。生产中常用措施有：及时耕翻，增加土壤孔隙度和透气性；通过精细耙地和镇压等措施调节合理的土壤三相比。含水多的土壤可采用干耕、晒垡、搁田、烤田等。

3. 如何进行土壤质地的改良？

土壤质地是土壤物理性质之一，指土壤中不同直径的矿物颗粒的组成状况。土壤质地与土壤通气、保肥、保水状况及耕作的难易有密切关系。土壤质地的改良方法如下。

（1）增加土壤的有机质含量。有机质的黏结力比砂粒强，比黏粒弱。施用畜禽粪便、绿肥，秸秆还田和增施有机肥等方法，可增加土壤中的有机质含量。

（2）客土调剂法。对于过黏和过砂的土壤，可采用泥入砂、砂掺泥等措施，改良土壤质地，改善土壤耕性。

（3）引洪漫淤法。农田表层土壤肥力好，含养料丰富，如果长期耕作，且不重视养地，会使土壤肥力下降。对这类农田可采用引洪漫淤法，能使砂质土壤得到改良。

（4）翻砂压淤，翻淤压砂。采用翻砂压淤，翻淤压砂，可有效地改良过黏和过砂的土壤。

4. 哪些土壤因素影响微量元素的有效性？

微量元素的有效性是指土壤能释放出的某种矿质元素，并能被植物有效吸收、利用。影响微量元素有效性的土壤因素如下。

（1）土壤 pH 值。一般在酸性（pH 值＜6.5）条件下，铁、硼、锰、铜、锌的溶解度增加，它们的有效性也随之提高；而钼相反，有效性会降低，所以酸性土容易缺钼。当土壤 pH 值下降到 5.0 以下时，锰、铜、锌、硼的有效性也会下降。在碱性（pH 值＞7.5）条件下，提高 pH 值能显著降低土壤中铁、硼、锰、铜、锌的有效性，所以石灰性土壤容易缺乏这些微量营养元素。

（2）土壤有机质。土壤有机质是一种天然螯合剂，它可以与微量元素螯合，如铁、锰、铜、锌等，使其有效性降低。但是一些简单的螯合物可以被作物吸收利用。

（3）土壤质地。土壤黏粒含量高，吸收的微量元素多。

（4）氧化还原状况。在相同 pH 值条件下，还原态铁、锰、铜的溶解度一般比氧化态大，因而有效性较高。

（5）固定作用。阳离子型微量元素被黏粒吸附固定，可能进入晶格内部失去有效性。磷肥施用量大时，土壤中的锌、铁、锰等与磷酸根作用形成各种磷酸盐沉淀而被固定。此外，有机络合可使微量元素失去有效性；农业措施不当可造成"诱发缺乏"等。

（6）土壤养分状况。作物在生长发育中不仅需要从土壤中吸收氮、磷、钾等大量元素，也要吸收一些微量元素。如果土壤中缺乏某种作物必需的微量元素，就会减产，品质也会变差。如果某种微量元素含量过多，又会引起作物中毒，同样影响作物的产量和品质。

5. 玉米田如何合理施用磷素？

磷是地壳中含量较为丰富的矿质元素，也是植物生长发育必需的大量元素之一，对植物生长发育至关重要。植物主要通过根系以磷酸盐的形式吸收土壤中的磷素养分。由于磷酸盐在土壤中易被固定而难以被植物吸收利用，所以在田间生产过程中，需要合理施用才能提高肥效。

（1）磷肥要根据土壤状况合理施用。

①土壤全磷含量在 0.1% 以下，施用磷肥有增产效果，中性与石灰性土壤中有效磷为 5 mg/kg 条件下有效。②土壤有机质含量越高，有效磷含量越高，施磷的有效性也低。③土壤熟化程度越高，有效磷含量也高，磷肥的效果就差。④土壤 pH 值为 6.50～7.50 时，施磷效果显著，土壤 pH 值<6.50 或 pH 值>7.50 时，磷素在土壤中易被固定，施磷效果不显著。⑤水田淹水后，磷的有效性会提高。

（2）磷肥要按照玉米的需肥规律合理施用。

（3）在磷素营养临界期合理施用。玉米五叶期是磷素营养临界期，此时对磷的需要量虽不多，但很迫切，施磷效果显著。

（4）结合作物生育期合理施用磷肥。

①苗期是磷素的营养临界期，应分配少量水溶性磷肥。②在旺盛生长期，植物虽然对磷素需求增加，但此时根系发达，吸收磷的能力强，可以利用作为基肥的难溶性或弱酸溶性磷肥。③生长后期可以通过磷在体内的再利用来满足需要。

（5）结合肥料种类合理施用。

①水溶性磷肥：普钙、重钙适合各种作物与土壤，作基肥或追肥。②弱酸溶性磷肥：作基肥施用，在酸性土壤或中性土壤上优于碱性土壤。③难溶性磷肥：骨粉和磷矿粉施在酸性土壤上作基肥。磷肥应集中施或与其他肥料配施。

6. 制种玉米如何选用适宜的地膜？

农用塑料薄膜有 20 多种类型，玉米生产上常用的有以下 3 种类型。

（1）普通膜。又叫高压低密度聚乙烯地膜，厚度为 0.013～0.015 mm。普通膜无色透明，拉伸强度中等，但稍厚。

（2）微膜。又叫低压高密度聚乙烯地膜，厚度为 0.005～0.008 mm。微膜强度高，耐热性和保温性能好，不易破裂，乳白色，半透明，不易黏结，厚度只有普通地膜的60% 左右，成本为普通地膜的 50%～70%。缺点是脆、滑，柔软性和横向拉力稍差，易被拉断。盖膜时不易紧贴地面，容易被风吹起。

（3）线型膜。又叫线型低密度聚乙烯地膜，厚度为 0.007～0.009 mm。线型膜拉伸性能好，抗撕裂、抗穿刺性能较强，不易破碎和老化，薄膜柔软，盖膜时易与地表紧贴。

在生产中，可根据地膜的特点，并结合实际情况进行选择。

7. 制种玉米用黑色地膜还是白色地膜效果更好？

用白色和黑色地膜各有利弊，就看如何使用。白膜保温、透光，可以看清膜下幼苗出苗情况，前期促进生长更快。黑色地膜是最常见的一种地膜，它几乎不透光，能够有效地抑制杂草生长，也能够显著提高土壤温度，有利于早春季节作物的生长。但是，黑色地膜的保温性能较差，不能长时间保持土壤湿度，容易导致土壤硬化，白膜的增温效果比黑色地膜好一些。

8. 制种玉米能否在盐碱地种植？

盐碱地在土壤中积累大量的盐类离子，盐分影响作物的正常生长，因此制种玉米不宜在盐碱地种植。这是因为：①盐碱地影响种子的出苗率。②影响幼苗的整齐度，易出现三类苗（弱苗、小苗、病苗）。③不同的自交系对盐碱地的适应性不同，易造成花期不遇，进而影响授粉率和结实率。

如果通过土壤改良，加大腐熟农家肥用量等措施改良土壤，还是可以种植玉米的，同时选用耐盐碱的品种，推迟播种，在播种前用温水催芽再播种，增施磷、钾肥，加强病虫害防治，还是能获得较好的产量的。

9. 为什么玉米秸秆还田要撒尿素？

秸秆还田是把作物秸秆直接翻耕入土用作基肥，或用作覆盖物，可提高土壤有机质含量，改善土壤性状，提高土壤肥力，便于机械耕作等。玉米秸秆还田已逐步被农民所接受，但部分农民对这一技术掌握不够全面，应用中出现玉米出苗率低、苗黄、苗弱，甚至出现死苗现象。经分析，其中原因之一是玉米秸秆还田造成碳氮比失调，而土壤微生物在分解作物秸秆时，需要一定的氮素，易出现与作物幼苗争夺土壤中速效氮素的现象。玉米秸秆碳氮比为（65～85）：1，而适宜微生物活动的碳氮比为25：1，秸秆还田后若土壤中氮素不足，微生物会与作物争夺氮素，玉米苗就会因缺氮而黄化、瘦弱，生长不良。因此，秸秆粉碎后，可在秸秆表面每亩撒施碳酸氢铵 50 kg 或尿素 20 kg，然后再耕翻。

10. 制种玉米对土壤有何要求？

要提高玉米的产量，土壤质量至关重要。土壤质地、土壤水分、土壤养分、土壤酸碱度等条件对制种玉米影响较大。

（1）土壤质地。土壤质地是土壤质量的重要指标之一，它决定了土壤的排水性、透气性、保水性和肥力等状况。玉米对土壤质地的要求较为严格，必须以深厚的耕作层为基础，具有良好的排水和透气性能。

一般来说，玉米适合在壤土或砂壤土上生长，因为这种土壤质地比较肥沃，透气性和排水性都比较好，能够为玉米提供良好的生长环境。而黏土则不太适合种植玉米，因为它的排水性和透气性较差，影响玉米的生长。

（2）土壤水分。玉米的生长需要大量的水分，土壤水分的充足与否直接关系到玉米的产量和质量。高产玉米对土壤水分的要求十分严格，在生长期间必须保持适宜的土壤水分含量。

一般来说，玉米生长期间土壤水分的含量应该保持在 60%～70%，也就是田间最大持水量的 60%～70%，过高或过低都会对玉米的生长产生不利影响。过高的土壤水分含量会导致玉米根系缺氧，影响根系的正常生长和吸收功能；过低则会导致玉米植株生长缓慢，从而影响产量和质量。

（3）土壤养分。玉米生长需要大量的养分，土壤养分是否充足直接影响玉米的产量和质量。高产玉米对土壤养分的要求十分严格，必须保证土壤中有足够的养分，才能满足玉米的生长需求。

一般来说，玉米对土壤养分的需求以氮、磷、钾 3 种元素为主。为了确保土壤中养分的有效供给，应该适量施肥，以补充土壤中的养分。此外，要注意避免肥料施用不当，以免造成土壤污染和生态环境的破坏。

（4）土壤酸碱度。玉米对土壤酸碱度的要求比较严格，最适宜的酸碱度范围为 pH 值 6.5～7.5，过酸或过碱的土壤都不适合种植玉米。当土壤 pH 值过低时，玉米叶片会变黄，从而影响生长；当土壤 pH 值过高时，玉米植株会出现黄叶、枯萎等症状，也会对生长产生不利影响。因此，调节土壤酸碱度，使其达到适宜范围，对提高玉米产量至关重要。

11. 制种玉米田土壤耕作的主要技术有哪些？

土壤耕作是根据植物对土壤的要求和土壤特性，采用机械或非机械方法改善土壤耕层结构和理化性状，以达到提高肥力、消灭病虫杂草而采取的一系列耕作措施。主要有 5 个方面。

（1）犁地。一般用有壁犁深翻土壤 20～25 cm。深耕对土壤的良好作用可以保持半年或一年以上。犁地要求是不误农时，深度均匀一致，无漏耕或重耕现象，同时还要求翻土良好，不露残茬、杂草，不产生立垡倒垡，要求土地平整等。犁地可用农机进行。

（2）浅耕灭茬。是作物收获后犁地前进行的表土耕作措施。浅耕灭茬的主要作用是保蓄土壤中的水分，有利于提高犁地效率和质量，消灭杂草等。

（3）耙地。犁地和耙地是紧密结合的耕作措施。一般在犁地后用钉齿耙纵横破耙数次，可使表土层细碎、疏松，平整地面，混拌土和消灭杂草等，为作物的播种、出苗和生长创造适宜的土壤条件。干旱地区犁地后，要及时耙地，以保持土壤水分，但在低湿地区，为促进土壤水分蒸发，则应延迟耙地的时间。

（4）中耕。中耕是在作物生长期间进行的表土耕作措施。旱地中耕能使表土疏松，增强通气透水性。在干旱条件下中耕，可以切断土壤毛细管孔隙，减少水分蒸发，有利于保水。中耕常与除草、间苗、追肥、培土及灌溉等作业结合进行。

（5）镇压。镇压是利用镇压器的重力，作用在旱作田地土壤表层的耕作措施。耕层土壤过于疏松时，镇压能使耕层适当紧密，减少水分因水气扩散或空气对流作用而致的损失；镇压可消除大土块，保证出苗整齐；同时，在干旱地区和干旱季节播种后镇压，使土壤与种子紧密接触，有利于吸收水分，促进种子发芽和出苗。降水多的地区或过于潮湿的土壤则不必镇压。

12. 整地的技术要求有哪些？

整地是指作物播种或移栽前进行的一系列土壤耕作措施的总称，主要包括浅耕灭茬、翻耕、深松耕、耙地、耢地、镇压、平地、起垄、作畦等。整地目的是创造良好的土壤耕层构造和表面状态，协调水分、养分、空气、热量等因素，提高土壤肥力，为播种和作物生长、田间管理创造良好条件。整地的技术要求如下。

（1）适期作业，不违农时。

（2）保证规定的耕作深度和碎土要求，田面平整、耕作深度一致。

（3）作物残茬、杂草和肥料应严密地覆盖。

（4）耕作完整，不留田边地角，不重耕、漏耕，地表深沟应填平，高垄应铲平。

（5）减少土壤压实和避免水田犁底层破坏，保持土壤结构良好。

13. 如何克服玉米茬整地难和整地质量差的问题？

玉米播前整地宜本着细碎、平整、保墒、高效的原则，适时进行整地作业，为播种保苗做好准备。玉米收获后直接整地应在土壤含水量适宜（10～20 cm 土层的含水量为 15%～20%）的情况下进行，用大型旋耕机处理一遍，如果不能达到要求状态，可再用综合整地机械（深松、浅翻、重耙、平整一次完成）作业一次。玉米收获后不直接整地，如北方春玉米的春整地，根茬经过较长时间的降解、分化、降水等过程，含水量较低，在综合考虑农时、天气、土壤及种植计划等因素的基础上，在播种前的适当时间用大型旋耕机进行整地。如果用宽窄行种植法种植玉米，玉米收获后可不必处理根茬，只用旋耕机对宽行部分旋耕整平即可。秋整地较容易，机械作业次数少，成本低，效果好。具体做法是：将现行的等行距（65 cm）种植改成宽（90 cm）窄（40 cm）行种植，玉米大喇叭口期在 90 cm 宽行深松，收获后对宽行进行旋耕。播种时只在旋耕过的宽行上播种玉米，若种植大豆则在宽行内和窄行内同时播种。各地自然条件和生产条件差异较大，应根据情况灵活掌握。

14. 玉米连作（重茬）会导致哪些问题？

作物连作（重茬）是指一年内或连年在同一块田地上连续种植同一种作物。连作会导致以下问题。

（1）病虫害加重。玉米连作会造成病原菌在土壤和秸秆中残留积累，致使病害种类增多，为害加重，如玉米叶斑病、根腐病、穗腐病、黑粉病、黑穗病、茎腐病等频发。在同等种植条件下，连作年份越长病害发生越严重。连作会使玉米虫害加重。上茬玉米的虫害在土壤或秸秆、田间杂草等处越冬，越冬基数明显增大，造成玉米钻心虫、玉米螟等多种虫害越来越严重。

（2）影响玉米根系正常生长。玉米长期连作后，耕层土壤的理化状态会发生明显改变，对一些有益菌或菌群的生长繁殖有明显的抑制作用，而部分有害微生物却迅速繁殖扩散。土壤中微生物菌群的自然平衡受到破坏，有害微生物和物质的积累迅速增多，造成玉米根系生长发育不良，产生肥料分解和吸收利用障碍，影响植株的生长，造成减产。

（3）土壤养分失衡。长时间连作玉米，作物吸收的养分单一，会影响土壤中矿物质元素的平衡，元素之间产生拮抗，耕层土壤养分严重失衡，特别是会造成锌、铜、铁、硒等中微量元素不足，影响植株对这些元素的吸收利用，甚至整块地出现缺素症，植株生长发育受到制约，玉米产量下降、品质降低。

（4）化感效应增强。连作条件下，玉米根系分泌物、玉米植株残体以及病原菌代谢产物的长期积累，会产生自毒物质，对玉米本身有致毒作用，严重影响玉米的生长。主要症状表现为生长僵化停滞，根系稀疏短小，雌雄穗发育不良，抵御不良气候和病虫害能力下降。

15. 玉米连作有哪些控制措施？

玉米是耐连作的作物，但长期连作，会导致土壤理化性质下降，病虫为害加重。在玉米生产中，可通过以下措施减轻连作影响。

（1）轮作倒茬。可与花生、谷子、马铃薯、蔬菜等作物进行轮作倒茬，科学合理解决玉米重茬问题。也可错垄种植，实现土地局部休耕，也间接实现了轮作倒茬。

（2）科学施肥。①增施有机肥：有机肥中含有大量的有机质，可以提高土壤保水保肥能力，促进土壤中益生菌的繁殖，调节土壤微生物菌群，缓解玉米重茬障碍。②合理使用化肥，根据重茬玉米地块土壤的氮磷钾和中微量元素含量情况，实行测土配方施肥技术，科学使用配方肥料，特别是注意补充中微量元素。

（3）秸秆还田。玉米秸秆还田可以把玉米从土壤中吸收的大部分养分还回土壤，增加土壤有机质含量，缓解重茬危害。需要注意的是，秸秆还田过程要做好秸秆中病虫害的防治工作。选用抗逆性强的玉米品种，增强玉米对病虫害和不良环境的抵抗能力，可以减轻玉米重茬的影响。

（4）使用抗重茬剂。抗重茬剂可有效降低重茬对玉米生长发育的影响，改善微生物菌群结构，增加有益微生物比例，抑制有害微生物繁殖和生长，从而降低病原菌和害虫基数，改善土壤理化性质。

16. 在玉米田中使用抗重茬剂有何好处？使用哪些抗重茬剂效果较好？

重茬由于长期连作同种作物，会产生病虫害严重发生、自毒物积累增多、微量元素缺乏等问题，影响作物的生长建成及产量。目前，重茬病属于世界性难题。抗重茬剂是一种能够防止土壤重茬的化学药剂，它能够分解并降解一些导致土壤重茬的有机物质，促进土壤结构的改善和植物生长的恢复。使用时需要注意剂量和使用方法，以免对土壤和植物造成影响。

使用抗重茬剂的好处有：①促进农作物对养分的吸收，改善土壤物理性状。②增强土壤有益微生物活性，抑制有害微生物。③提高土壤微生物的呼吸强度和纤维素的分解强度。④刺激与调节农作物生长，促进植物细胞分裂，防病保苗等。抗重茬可以使用微生物菌剂根小子、万亩康重茬剂、解害灵、强生 6 号、抗重茬特效药等。防重茬的药剂有噁霉灵、甲霜·噁霉灵、溴菌腈、五硝苯、醚菌酯、嘧霉·百菌清、苯醚甲环唑、有机铜制剂等。

17. 连作对玉米生长影响大吗？

玉米是一种耐连作作物。据调查，有些农户 10 年甚至 20 多年的玉米连作很常见，但产量并没有受到很大影响。玉米宜轮作，否则会导致病虫害加重，土壤肥力下降。一般情况下，同一块地可以连作 2～3 年，但不宜超过 5 年。一般 3～5 年建议轮作一次。

18. 玉米田免耕有何优缺点？

免耕法是不耕作或极少耕作，以化学除草剂控制杂草的土壤耕作方式。免耕播种技术是相对于传统精耕细作后播种的一种新型种植模式。在农作物秸秆粉碎还田后，不进行土地耕翻，直接使用免耕播种机一次性完成开沟、施肥、播种、覆土、镇压。

免耕法的优点：①不耕作或极少耕作，土壤无坚硬的犁底层，土壤结构不受破坏，较疏松。②保护土壤耕层结构，增加土壤蓄水保墒能力，改善土壤团粒结构和积累有机质。③耕层土壤不乱，动土量小，利于水土保持。④省费用，省用工。

免耕法的缺点：①免耕条件下多年生杂草发生严重，需要有高效且杀草谱广的除草剂。②病虫为害，防虫防病用药量大。农药成本不低于常规耕作的成本，同时加重环境污染。③不利于作物的全苗、齐苗。④地面覆盖和地表增湿降温促使土壤呈酸性，而且在秸秆分解过程中产生一种带苯环的有毒物质。

19. 建设高标准农田的标准有哪些？

（1）土壤质量。包括土壤的肥力、结构、质地和水分保持能力等。土壤肥力指标包括有机质含量、养分含量（如氮、磷、钾等）、pH 值等。

（2）水资源利用。确保农田有足够的水源供应，包括灌溉用水和农田排水。指标包括灌溉效率、水资源利用率、排水系统的完善程度等。

（3）种植结构。选择适合当地气候和土壤条件的农作物种植结构，合理安排轮作和休耕，提高土壤的生产力和可持续性。

（4）农业设施建设。包括田间灌溉设施、农田排水系统、农田平整程度等，确保农田的合理利用和高效管理。

（5）农业机械化水平。提高农业机械化程度，包括农机具的配备和使用，提高农田作业效率和农业生产水平。

（6）农药和化肥使用控制。合理使用农药和化肥，减少对环境的污染和对农产品质量的影响。指标包括农药和化肥的使用量、施用方式、农残检测等。

（7）农业科技应用。推广先进的农业科技，包括新品种、新技术、生物防治等，提高农田生产效益和农产品质量。

（8）环境保护。注重农田生态环境的保护，减少农业活动对环境的不良影响，包括水土保持、生物多样性保护、农田废弃物处理等。

20. 农田灌溉水质有何标准？

（1）农田灌溉用水的水质标准。①水质应符合 GB 5084—2021《农田灌溉水质标准》的要求，地面水水质应符合国家地面水环境质量标准的二级或三级以上要求。②水中溶解氧含量不得低于 0.5 mg/L。③水温应在 5～25℃。④pH 值应在 6.5～8.5。⑤溶解盐含量不得高于 0.02 g/L（矿化度）。⑥总硬度不超过 0.069 mmol/L（以 $CaCO_3$ 计），即不超过 120 mg/L。

（2）灌溉用水的水量标准。①灌区内作物对水的需要量按不同作物品种、生育期及灌水次数而定，一般每亩玉米需水量为 100～300 m^3。②灌区内的实际供水量应根据当地气候条件确定，一般不宜低于设计供水量。③根据灌区地形特点、土壤质地和保肥性能等因素合理确定田间沟渠的断面尺寸及深度等工程设施的设计参数，以保证有效利用水资源和减少施工成本。

（3）灌溉用水的流量与流速。①在满足农作物生长需要的条件下，宜采用小流量供水方式。②采用大流量供水方式时必须考虑以下因素：一是保证正常生长的最低水位；二是防止发生渍水和倒伏；三是避免造成土壤板结；四是防止产生气阻；五是避免引起堵塞或损坏机泵等设备；六是防止产生噪声和振动；七是节约电能和水资源；八是降低运行管理费用等。③采用低扬程水泵时宜采取相应措施降低管道中的水流速度。④采用高扬程水泵时应注意以下几点：一是尽量减小管道的坡度；二是缩短管道的长度；三是提高管材的强度；四是加强管道的维护和管理；五是注意安全防护；六是定期检查并及时排除故障隐患；七是做好防寒防冻工作等。⑤对于地下水位较高的地区可采取井灌的形式进行灌溉。

21. 制种玉米的需水规律是什么？

制种玉米在不同发育时期，对水分的需求是不一样的。一般根据发育进程可分为苗期、拔节期、抽穗期、灌浆期、成熟期等。

（1）苗期。玉米苗期需水较少，采取蹲苗措施，一般不需灌水。但当根系活动层的土壤水分低于田间持水量的50%～60%时，应适当灌溉。

（2）拔节期。春玉米出苗后35 d、夏玉米出苗后20 d开始拔节，雌、雄穗开始分化，茎、叶生长迅速，要求有充足的水分和养分供应。这个时期当0.6 m土层的土壤水分低于田间持水量的65%时，玉米会出现不能抽穗，或抽穗时间延长及花粉不育等现象，应及时灌水。拔节期灌水可增产18%～42%。

（3）抽穗期。抽穗期玉米的叶面积指数最大，新陈代谢极为旺盛，对水分的需求达到最高峰。如果水分不足，雌穗抽花丝时间会延迟，不孕花数量增多。如遇干旱和高温，不仅雌雄穗开花期脱节，且花粉和花丝的生活力降低，寿命缩短，影响受精、灌浆的顺利进行。春玉米抽穗期灌水可增产32%～80%，夏玉米可增产7%左右。

（4）灌浆期。玉米受精以后到蜡熟期是籽粒形成时期，茎、叶里贮存的可溶性营养物质大量向籽粒输送，这时期发生干旱胁迫，会降低粒重，叶片过早衰老，影响产量。这个时期土壤水分应保持在田间持水量的75%左右。根据试验资料，春玉米灌浆期灌水可增产23%～25%。夏玉米灌浆期正处于雨季，灌水极少。

（5）成熟期。成熟期灌浆已经完成，茎叶开始衰老死亡，根系对水分的吸收能力大大下降，玉米对水分的需求很小或不需要水分。这个阶段主要是种子脱水阶段，不需要灌水。

22. 制种玉米灌溉的误区有哪些？

（1）观念误区。很多人认为灌溉就是浇地，只有漫灌才能保证玉米生长。其实，灌溉不是浇地，而是浇作物。灌溉也不是越多越好，要根据作物的需水规律灌溉。

（2）多浇水、多施肥才能高产。玉米在不同生育期对水分的需求不同。如苗期对水分需求不大，一般不灌水进行蹲苗。但也会根据干旱程度、墒情好坏、苗子强弱等实际情况适当浇水。如果有水就浇，往往会导致幼苗徒长，根系难以深扎，给以后植株倒伏埋下隐患。在灌浆期若过量追肥、浇水，会造成玉米贪青晚熟，遭受霜冻的不良后果。

（3）玉米鼓泡不浇水。鼓泡期浇水会造成"水籽"，导致产量下降。从玉米对水分的需求规律来看，鼓泡期是玉米需水临界期，也是玉米需水的关键时期，此期缺水，会对产量造成很大的影响。所以不但不能缺水，还需要大量灌水。

23. 什么是调亏灌溉？制种玉米上怎么应用？

调亏灌溉是一种有效利用作物对干旱的适应性产生的生理变化，来达到节水目的的灌溉技术，由澳大利亚的持续灌溉农业研究所（Tatura 中心）于 20 世纪 70 年代研究并命名。主要指在灌溉水资源不足或由于工程性缺失，不能满足作物充分用水供应和及时调节水量的情况下，允许作物某一阶段或某一生育期水分亏缺（或者说作物一定程度受旱）灌溉。

根据玉米对水分的需求规律，在玉米的抽雄期和拔节期不能进行调亏灌溉，因为这两个时期是玉米的水分敏感期和最大需水期。在苗期适当进行亏水处理（土壤含水量为田间持水量的 60%～70%），可促进根系生长，增强根系的吸水能力，增大根冠比。

第二章

制种玉米播前种子处理的问题与解析

1. 生产中播种用的玉米种子是果实，还是种子？

植物学上的种子是狭义的种子，是指由胚珠受精后发育的部分。而生产中播种用的玉米种子严格来说是颖果，是一种果实，由果皮、种皮、胚和胚乳四部分组成。因果皮和种皮贴合在一起，不易分开，人们习惯上称为种子。同时，在农业生产中，将播种的繁殖材料都称为种子，是广义的种子。因此，玉米生产者将播种用的玉米种子习惯称为种子。

2. 制种玉米的种子有哪些类型？

玉米种子分为常规种、自交系种子、单交种、双交种和三交种类型。常规种是市场上最常见的农民种地用种。自交系种子是在人工控制自花授粉情况下，经若干代，不断淘汰不良的穗行，选择农艺性状较好的单株进行自交，从而获得农艺性状较整齐一致、遗传基础较单纯的系。单交种是用两个自交系杂交生产的杂交种，可表示为A×B。单交种的第一代具有很强的杂种优势，表现为抗逆性强、生长健壮、整齐一致，增产幅度大，一般可比天然授粉的农家品种增产20%～30%。双交种是双杂交种的简称。由4个品种或自交系先两两配成单交种，再由2个单交种杂交而得的杂交组合。(A×B) F_1 × (C×D) F_1 所得杂种即为双交种。双交种制种成本低，可提高制种田产量，缩小制种田面积。三交种是3个血缘不同的玉米自交系先后经过2次杂交而形成的杂交种，可用 (A×B) ×C 来表示，即以A和B杂交获得的单交 F_1 做母本再与C自交系配成杂交种。三交种生长的整齐度和产量不如单交种，制种程序较单交种烦琐。

3. 种植 1 亩玉米一般需要多少种子？

种植密度是影响种子用量的重要因素。通常情况下，常见的玉米种植密度为每亩 3 000～5 000 株，具体株数可以根据所选品种、土壤条件和预期产量进行调整。种植 1 亩玉米需要 1.5～2.5 kg 种子。如果种植密度大（或高密度品种），可增加到 2.5～3.5 kg。

4. 玉米播种前为什么要晒种？

玉米播种前晒种，既可以杀菌，又可以激活种子内酶的活性，为提高种子发芽率与发芽势，增强幼苗的抗病能力做充分的准备工作。一般玉米播种前，选择晴好天气晒种 2～3 d 为好。

5. 玉米种子如何快速催芽？

将玉米种子放入容器中，并加入适量的清水。在浸泡过程中，要仔细检查种子的状态，将干瘪或破损的种子挑出。一般情况下，将玉米种子浸泡在清水中大约 8 h，种子就能吸收足够的水分。将浸泡好的玉米种子装入湿布内，并将湿布包裹好，放置在遮光的温暖环境中，温度控制在 25～30℃，这是玉米种子生长的理想温度范围。也可以选择温室或暖房，以保持适宜的环境温度。在催芽过程中，保持湿布的湿润非常重要。要定时向湿布上喷水，确保湿度得以维持，这样可以使种子吸收足够的水分，促进其发芽和生长。通常情况下，经过 2 d 左右的时间，玉米种子就开始发芽了。

6. 如何做好玉米种子发芽试验？

种子发芽率是种子质量检验中的一项指标，是指在规定的条件和时间内，发芽的正常幼苗数占供试种子数的百分率。种子发芽率高低直接影响着农业增产、农民增收。种子室内发芽试验应遵循以下步骤。

（1）准备发芽床。发芽床的选择按照《农作物种子检验规程》的要求，砂粒在使用前必须经洗涤、高温杀菌消毒。

（2）数取样品种子。试样必须是经过净度分析后的净种子，用数种仪或人工随机数取 400 粒。

（3）种子置床。将消毒拌好的湿沙装入培养盒，厚度 4 cm 左右，把种子按照一定数量均匀排在培养盒内，一般每个盒内均匀排放 50 粒种子，粒与粒之间要保持一定的距离，避免种子受到病菌侵染，再盖 1.5 cm 左右湿沙后放入种子培养箱内，重复 4 次。

（4）温度。玉米种子发芽温度为 25℃。

（5）发芽试验时间。按照《农作物种子检验规程》规定要求，玉米种子发芽试验持续 7 d。

（6）幼苗鉴定。在规定的试验时间，从种子培养箱内取出长成的幼苗，用清水洗净后鉴定幼苗，幼苗鉴定分为正常幼苗、不正常幼苗、死种子三类。

7. 合格玉米种子的质量标准是什么？

种子是裸子植物和被子植物特有的繁殖体，它由胚珠经过传粉受精形成。玉米种子由种皮、胚和胚乳三部分组成，玉米种子质量的好坏是确保第二年丰收的关键。

我国衡量种子质量的指标主要包括品种纯度、种子净度、发芽率和水分 4 项。国家对玉米种子这 4 项指标做出了明确规定：一级种子纯度不低于 98%，净度不低于 98%，发芽率不低于 85%，水分含量不高于 13%；二级种子纯度不低于 96%，净度不低于 98%，发芽率不低于 85%，水分含量不高于 13%。

8. 玉米购种应注意哪些事项？

（1）选择"三证一照"齐全的单位购买种子，所谓"三证一照"就是指种子部门发的生产许可证、种子合格证、种子经营许可证及工商行政部门发的营业执照。

（2）选用审定品种。凡审定的品种，都是经过种子管理部门组织的区域试验，对参试品种的适应性、产量、抗逆性、生育期、品质等进行多点观察，然后根据气候特点进行系统分析推广应用的。

（3）选择品种的特征特性要和种植技术相适应。选种时要看品种的种植密度，选择合适种植密度的品种。

（4）选择品种和种植方法要一致。不同品种的生育期、产量水平、抗病性、耐旱性、抗倒性以及适种区域均存在较大区别，莫因品种选择不当而导致减产甚至绝产。如果种植位置在风口一带，就应选抗倒伏品种；如果种植区域蚜虫数量多，为害重，就要选择抗蚜虫的品种。也就是说区域的特性要和所选的品种对路。

（5）纯度。种子的大小、色泽、粒形等差距较小，且很近似，种子多数纯度较高。品种中固有的颜色、粒形不同，种子是假的或劣的可能性大。

（6）发芽率。主要看种子在保存过程有无霉变、发烂、虫蛀、颜色变暗等情况。打开种子包有一股酸霉味，说明种子已变质，发芽率不会太高，不要轻易购买。在大田生产中，种子发芽率达不到85%多数不能使用，或者应加大播种量。

9. 玉米能自留种吗？

玉米是异花授粉作物，品种为杂交品种。科研人员在育种时，将选出来优良的父本和母本自交系种植以后，进行异花授粉，父本和母本所携带的基因进行组合，种植出来的玉米种子会继承父本和母本的优良基因，后代（即 F_1 代）的适应性和生活力会大幅度提高，也就是专业上讲的杂种优势。但是，F_1 代收获后的种子在第二年、第三年种植，其抗病性、抗虫性、抗旱性等都会减弱，会出现穗小、粒少、易倒伏等状况，整齐度差，产量也低。如果第一年亩产达到 750 kg，自留种第二年种植，亩产可能还不到一半。因此，玉米不能自留种种植。

10. 高质量的玉米种子要保证哪些方面？

（1）纯度好，纯度在96%以上，种子粒形一致。
（2）出芽率高、发芽势强，精量播种发芽率在85%以上，单粒播种在93%以上。
（3）活力高，保证在短时间低温（15℃以下）和多湿（土壤相对含水量85%以上）能够正常出苗。
（4）水分低，种子含水量要求在13%以下。

11. 怎样对玉米种子进行播前晒种？

晒种可以有效杀灭种子表面的病菌，促进种子后熟，降低种子含水量，增加种子吸水力，提高种子出苗率20%～30%。并能提早出苗1～2 d。

晒种方法：选择晴天 10:00—16:00，将种子摊晾在向阳干燥的地方，勤加翻动。16:00 后收贮室内，避免受潮，连续曝晒2～3 d，使种子充分干燥，切忌种子摊在铁器、水泥地上晾晒，以防温度高烫坏种子。

12. 玉米种子浸种方法有哪些？

播前浸种可使玉米种子在播前吸足水分，提高发芽力，保证出苗快而整齐，能刺激种子增强新陈代谢，提高种子活力，有明显的增产效果，其方法如下。

（1）清水浸种。冷水浸种 12～24 h，或用 50℃温水浸种 6～12 h，可使种子发芽、出苗快而整齐。

（2）温汤浸种。用 2 份开水兑 1 份冷水，温度在 55℃左右，浸泡玉米种子 6～12 h，摊晾后播种。能加速种子吸水过程，还能杀死附着在种子表面的黑粉病菌孢子。

（3）人尿浸种。用 30% 的人尿浸泡种子 12 h，或用 50% 的人尿浸种 6～8 h，每 15～20 kg 溶液浸种 10 kg，捞出稍晾片刻即可播种。能加速种子养分的转化，补充种子养分。据试验，用人尿浸种的玉米，其幼苗在 3 叶期表现为叶绿、苗壮，一般增产 5% 左右。

（4）磷酸二氢钾浸种。先将磷酸二氢钾用水溶化（300～500 倍液），然后将种子倒入溶液中（10 kg 水溶液浸种 6 kg），浸种 10 h 捞出，阴干后播种，比不浸种的早出苗 1～2 d。

（5）高锰酸钾浸种。高锰酸钾 5 g 兑水 5 kg，浸玉米种子 25 h 后沥干即可播种。

（6）尿素浸种。尿素 100 g 兑水 10 kg，可浸种 6 kg。浸 10～12 h 沥干后可播种。

（7）食醋浸种。食醋 100 g 兑水 10 kg，搅匀后倒入玉米种浸泡 24 h，沥干播种。可防治玉米丝黑穗病。

（8）喷施宝浸种。喷施宝 5 mL 兑水 50 kg，浸种 10 h 后捞出晾干播种。

（9）三十烷醇浸种。溶液浓度 0.05 mg/kg，每 15～20 kg 溶液浸种 10 kg，浸泡 4～5 h，捞出阴干。

（10）锌肥浸种。取 50 g 硫酸锌加水 100 kg 配成溶液，每 15～20 kg 溶液浸泡玉米种子 10 kg，浸泡 10 h 后，捞出阴干后播种。

（11）沼液浸种。沼液浸种可以提高种子的发芽率、成苗率，促进种子生理代谢，提高秧苗的抗逆性，具有较好的增产效果和经济效益。首先，把待播种的玉米种子进行晾晒，根据种子的干湿情况，一般晒种 1～2 d，每天晒种约 6 h，然后将晾晒好的种子装入透水性较好的塑料袋内，将装有种子的袋子用绳子吊入正常产气的沼气池出料间中部料液中，浸种时间 12～24 h，然后取出用清水冲净，于背阴处晾干后播种。一般以种子吸饱水为度，切忌浸种时间过长，以免影响发芽率。

另外，用增产素、铝酸铁等浸种，也有较好的增产效果。注意用上述方法浸过的种子要放于阴凉处摊晾，不要在日光下暴晒。

13. 玉米种子播种时，选大粒播种好，还是小粒好？

市场上的玉米种子，有特大粒、中等粒和小粒。研究表明，种子发芽需要吸收种子重量40%~50%的水分。因此，小粒种子更容易出苗和苗齐苗壮。因为小粒种子只有大粒种子重量的2/3左右，在相同的土壤墒情条件下，大粒种子需要的土壤水分要高30%左右，而且还需要更高的温度。大粒种子由于淀粉等干物质积累较多，相同水势下，吸胀、出苗速度较慢，萌发所需时间也较长，出苗所遇风险更大。在土壤墒情相对不足的条件下，小粒种子由于籽粒小，粒形整齐，吸水膨胀时间短，萌发阻力小，萌动更早，出苗较快，活力较高，苗势好于大粒种子，且小粒种子地下根系发育也更好。

从种子安全生产上看，小粒种子脱水更快，角质率更高，更利于种子安全生产。从种子加工的成本来看，同样是种衣剂包衣处理，同样的1亩种子的成本，小粒种子包衣效果会更好。从种子运输来看，大粒种子相比小粒种子要高出至少1.6倍的运费，这些都需要种植户"买单"。此外，大粒种子包装、装车、卸车、种子筛选、种子加工及人工等多增加30%左右的费用。

综上所述，应该尽量选择小粒种子或者中粒种子，以节省成本。

14. 玉米种子的包衣剂有哪些成分？

种子包衣剂包在种子上可迅速形成固化膜，后续随着种子萌动、发芽、出苗、生长，逐渐释放出种衣上的有效成分。主要有杀虫剂、杀菌剂、复合肥料、微量元素、植物生长调节剂、成膜剂、着色剂等配合成包衣剂。其中杀虫剂主要以克百威、噻虫嗪、弗虫嗪、吡虫啉为主，杀菌剂主要以戊唑醇、咯菌腈、精甲霜灵、苯醚甲环唑为主。种子包衣成膜剂主要有聚乙烯醇（PVA）、明胶等为主要成分的保护性、流浸型和粉剂包衣成膜剂；聚乙烯醇（PVA）颗粒包衣剂；以硅油类、羟丙基甲基纤维素（HPMC）和壳聚糖（CS）等为主要成分的生物刺激性缓释剂等。

15. 玉米种子包衣有何作用？

玉米种子包衣的目的一是防治地下害虫；二是防治玉米病害；三是促进幼苗健壮生长。用包衣种子播种后，能迅速吸水膨胀。随着种子内胚胎的逐渐发育以及幼苗的不断生长，种衣剂将含有的各种有效成分缓慢地释放，被种子幼苗逐步吸收，从而达到防治苗期病虫害、促进生长发育、提高作物产量的目的。

16. 种植包衣玉米种子应注意哪些事项？

（1）不宜浸种催芽。因为种衣剂溶于水后，不但会使种衣剂失效，而且溶于水后的种衣剂会对种子的发芽产生抑制作用，故不能做到一次播种保全苗。

（2）不宜常规进行试芽。因为包衣种子的试芽技术非常复杂，技术要求较高，采取常规试芽方法，不但不能发芽，而且还会使种子失去使用价值，甚至发生农药中毒现象。

（3）包衣种子播后不宜立即施用敌稗类化学除草剂，应在播后 30 d 再用，如先用敌稗，可在 3 d 后再播种。

（4）玉米包衣种子不要在盐碱地种植，因为包衣种子的种衣剂遇碱会失效，起不到应有的作用。

（5）玉米包衣种子不宜种在低洼涝地，因为包衣种子在低氧环境中易酸败腐烂，引起缺苗。

17. 包衣玉米种子有红色和蓝色，在效果上有区别吗？

红色包衣与蓝色包衣在效果上没有区别，仅仅是颜色不同。玉米种子包衣剂的颜色对药效并没有影响，它主要用来表示种子经过药剂处理，提醒人们不能食用或当作饲料。

18. 玉米种子的包衣剂脱落，对质量会有影响吗？

如果玉米种子的包衣开裂、脱落了，有可能是因为种子的包衣剂是胶性的，建议先做一下发芽试验，如果种子发芽率等没有问题则影响不大，但对种衣剂的药效可能有一定影响。

19. 玉米种子一般保质期多长时间？

玉米种子保质期因保存条件不同而不同。没有包衣的玉米种子保质期为两年，包衣的玉米种子保质期为一年。超过保质期的种子，种子的发芽率、发芽势及发芽指数会逐年大幅度下降。

20. 如何确定玉米种子的播种量和播种深度？

玉米的播种量因种子大小、种子生活力、种子密度、种植方法和生产目的而不同。凡是种子大、种子生活力低和种植密度大的，播种量应适当增加，反之应适当减少。

一般条播每亩需种子 3～4 kg，点播每亩需 2～3 kg。

播种深度要适宜，深浅要一致。一般播种深度以 3～5 cm 为宜。如果土壤黏重、墒情好时，应适当浅些，为 3～4 cm；土壤质地疏松、易于干燥的砂质土壤，应深一些播种，可增加到 5～6 cm。播种过深会造成出苗慢，苗弱，甚至造成缺苗。

21. 如何防止玉米种子粉种？

粉种（粉籽、种子霉烂）是种子在萌发过程中受到外界不良环境和条件的影响，不能正常萌发，造成种子在土壤中发霉腐烂的现象。低洼、阴冷地块发生较多，造成缺苗断垄，甚至毁种。应加强管理，提前做好预防。

（1）选用综合抗性强的品种。健康的种子出苗快而整齐，瘦弱种子营养物质少，发芽时可利用的能量不足，经不起恶劣条件侵袭，同样引起烂根、死苗。种子以发芽率 95% 以上为宜。播前要晒种，使水分降到 13% 以下，增强种子活力。

（2）种子包衣，提高适应性。经过包衣的种子一方面可以杀菌、防治地下害虫，另一方面种衣剂在种子表面形成的保护膜能起到使土壤中水分向种子内部渗透的缓冲作用，防止种子突然吸水，造成吸胀损伤，可有效避免粉种，以及地下害虫的发生。

（3）适时播种，合理控制播种深度。玉米种子萌发最适宜时期应当是地温稳定通过 8℃ 以上时，可防止低温冷害。同时应精细整地，疏松土壤，把播种深度控制在 3～5 cm。根据情况可以适当浅播浅覆土或者催芽后播种。

（4）查苗、补苗。出苗前查看种子在土壤中是否发芽，如果粉种数量达到 40% 以上，应及时毁种或改种；如不需毁种，结合第一次中耕，利用预备苗或田间的多余苗及时补栽，以降低损失。

22. 玉米种子药剂拌种方法有哪些？

药剂拌种是玉米病虫害综合防控的重要环节，能有效防控作物苗期病虫害，降低早期病虫害发生基数，减轻后期病虫害发展趋势，是一项绿色的病虫害防控措施，同时利于保全苗。药剂拌种方法如下。

（1）三唑酮拌种。用 25% 三唑酮可湿性粉剂按干种子重量的 0.2% 拌种，可防治玉米丝黑穗病，用 15% 三唑酮可湿性粉剂按种子重量的 0.4% 拌种，可防治玉米黑粉病。

（2）戊唑醇拌种。用 2% 戊唑醇湿拌种剂 30 g，拌玉米种子 10 kg 可防治玉米丝黑穗病。

（3）多菌灵拌种。用 50% 多菌灵可湿性粉剂按种子重量的 0.5%～0.7% 拌种，可防治玉米丝黑穗病。

（4）萎锈灵闷种。用20%萎锈灵乳油500 mL，加水2.5 kg，拌种25 kg，堆闷4 h，晾干播种，可防治玉米丝黑穗病。

（5）辛硫磷拌种。用50%辛硫磷乳油按药、水、种子用量1∶100∶1 000的比例进行拌种，拌匀后，将种子堆在一起，闷4～6 h后，即可播种，可防治苗期地下害虫。

（6）桐油拌种。将500 g桐油倒入6 kg玉米种内拌匀后播种，此法有明显的抗旱作用。

（7）过磷酸钙拌种。先把玉米种子放入清水里浸泡2 h捞出，每千克种子拌过磷酸钙20 g，拌好的种子立即播种。

（8）硫酸锌拌种。硫酸锌50 g，兑水适量与10 kg种子拌匀，晾干后播种，此法还可防治白苗病。

（9）稀土拌种。稀土拌种能促进发芽和根系发育，增强抗逆能力。用稀土4 g加水40 mL和米醋20滴拌1 kg种子，边喷边拌匀，拌好的种子立即播种。

（10）阿司匹林拌种。每4～5 kg种子用4～6片阿司匹林。将药压成粉状溶于水中，洒在种子上拌匀。

23. 新旧玉米种子应该如何进行鉴别？

旧玉米种子经过长时间的贮存，会变得颜色发暗、胚部较硬，用手掐其胚部角质较少，粉质较多，胚部往往有细圆孔；将手伸进种子袋里面抽出时，手上有粉末，且发芽势和发芽率较低。新的玉米种子颜色鲜亮，无虫孔，发芽率和发芽势较高。

24. 玉米种子大小不均，可以进行播种吗？

如果玉米种子大小不均的情况比较严重，说明种子加工技术不合格，最好调换成大小一致的玉米种子。或者挑选、筛分后分开播种，避免出现出苗不齐的现象。

25. 用TTC染色法测定玉米种子活力的原理是什么？

有生活力的种子活细胞在呼吸过程中都会发生氧化还原反应。2,3,5-三苯基氯化四氮唑（TTC）溶液作为一种无色的指示剂，被种子吸收后参与活细胞的还原反应，从脱氢酶接受氢离子，在活细胞内产生红色、稳定、不扩散、不溶于水的有机苯。无生活力的种子则无此反应。根据种子显色的部位，即可区分有生活力的部分和死亡部分。一般鉴定原则是，凡是胚的主要结构及有关活营养组织染成有光泽的鲜红色，且组织状态正常的，为有生活力的种子；凡是胚的主要结构局部不染色或染成异常的颜色和光泽，并且活营养组织不染色部分已超过允许范围，以及组织软化的，为不正常种子。凡是完全不染色或染成无光泽的淡红色或灰白色，且组织已软腐或异常、虫蛀、损伤、腐烂的为死种子。

26. 用电导率法测定玉米种子活力的原理是什么？

种子发生劣变时，细胞膜结构受到破坏，影响膜功能正常的发挥。在种子吸胀初期，细胞膜重建和损伤修复的能力影响电解质和可溶物质外渗的程度，种子重建膜完整性的速度越快，则种子的外渗物质越少。高活力种子能够更加快速地重建膜，且最大限度地修复损伤，而活力低的种子则修复损伤能力差。因此，可以通过测定种子浸泡液的电导率来反映种子活力的高低，一般低活力种子浸泡液的电导率高；高活力种子浸泡液的电导率低。

27. 如何用幼苗形态检验法测定种子纯度？

不同品种由于遗传基础不同，在幼苗时期外部形态上会表现出一定的差异，形态的差异是幼苗形态法测定品种纯度的依据。幼苗形态测定法适用于幼苗形态性状差异明显的作物品种，一般需要 7～30 d 才能完成。由于苗期测定所依据的性状有限，在进行幼苗形态测定时不能依据单一性状，应对种苗的性状综合鉴定，最好能对照标准样品进行。常见幼苗形态测定时依据的性状如下。

①芽鞘。芽鞘颜色由绿色到紫色，芽鞘的长度及芽鞘上茸毛的多少品种之间有差异。②种子根的颜色。有的品种的中轴及近生根呈浅红色到深红色，有的不带色。③根毛。指根毛的多少和长短。④叶。包括叶色的深浅、叶脉颜色、叶的宽窄、叶上茸毛的多少、第一片叶的形状。

28. 用盐溶蛋白凝胶法测定种子纯度的原理是什么？

不同玉米品种（系）由于遗传组成的不同，种子内所含蛋白质组分存在差异。种子蛋白质（如盐溶蛋白）在这些效应作用下可以得到良好的分离。等电聚焦电泳是通过分子筛效应、电泳分离的电荷效应、pH 梯度等作用，使等电点不同的蛋白质大分子固定在凝胶的不同部位，形成一定的谱带。经过染色蛋白质谱带显现出来，形成特定的图谱。蛋白质组分的差异通过蛋白质谱带的不同反映出来。通过对电泳图谱的鉴别，对种子真实性和品种纯度进行鉴定。

29. 玉米种子劣变有哪些表现？

种子劣变是指种子生理机能的恶化。老化的过程也是劣变的过程，不过劣变不一定都是老化引起的，突然性的高温或结冰会使蛋白质变性，细胞受损，从而引起种子劣变。种子劣变的一些表现如下。

（1）种子变色，颜色变深、变暗。

（2）种子内部的膜系统受到破坏，透性增加。

（3）逐步停止产生与萌发有关的激素，如赤霉素、细胞分裂素及乙烯等。

（4）萌发迟缓，发芽率低，畸形苗多，生长势差，抗逆性弱，以致生物产量和经济产量降低。

30. 玉米种子劣变的原因是什么？

种子劣变指种子在贮藏、处理或使用中产生质量下降、病害增加、发芽率降低等不良变化的现象。种子劣变的原因有很多，主要包括以下三个方面。

（1）内部因素。种子本质因素，例如品种特性、老化、营养物质含量等，都会影响种子的品质。

（2）环境因素。包括温度、湿度、氧气、光照、病虫害等，这些因素会对种子的质量造成直接或间接的影响。

（3）贮藏因素。种子长时间的贮藏会使种子老化、水分流失和营养物质流失，从而导致种子质量下降。

种子劣变的防治措施：针对种子劣变的原因，可以采取以下措施来预防和减少种子劣变的发生。

（1）选择优质种子。选择粒形完整、色泽正、健康的种子，以保证农作物高产、高质。

（2）良好的贮藏环境。种子贮藏的环境应选择温度适宜、湿度适中、通风良好的地方，例如在专门的种子贮藏室中存放。

（3）避免长时间贮藏。种子的贮藏时间要适中，时间过长会导致种子老化，从而劣变。

（4）定期检测。在种子贮藏期间，应定期对种子的发芽率、杂质等指标进行检测，发现问题及时处理。

（5）预防病虫害。病虫害是种子劣变的重要原因之一，因此，在种植过程中应该加强防治，采取必要措施，以降低病虫害对种子的影响。

总之，种子劣变是农作物生产中常见的问题。尽管劣变是不可避免的，但通过选购优质种子、保持良好的贮藏环境、避免长时间贮藏、定期检测种子质量、预防病虫害等措施可以减少劣变的发生，提高种子的品质和农作物的产量。

31. 玉米杂种二代种子为什么会减产？

现代玉米生产利用杂种一代的杂种优势获得高产和抗逆性。杂种优势是指两个性状不同的亲本杂交产生的杂交种，其生长势、生活力、繁殖力、适应性以及产量、品质等性状超过其双亲的现象。与杂种优势相反的过程是近交衰退现象。由于近交衰退，杂种二代与一代相比较，生长势、生活力、抗逆性和产量等都显著下降。通常杂种二代的产量比一代减产50%以上。

第三章

制种玉米水肥管理的问题与解析

1. 玉米有何需肥特性？

春玉米吸收氮、磷、钾三要素的数量主要取决于产量水平，一般随着产量的提高，吸收营养数量增多，平均每生产 100 kg 籽粒需要吸收纯氮 2.9 kg，五氧化二磷 1.34 kg，氧化钾 2.54 kg。春玉米吸收氮、磷、钾三要素的数量也因土壤、气候、肥料性质等条件而有所变化，在确定施肥量时要综合考虑。

春玉米生长前期处于气温低、雨量少的季节，生长速度较慢，植株小，吸收氮、磷、钾肥数量少、速度慢，拔节孕穗到抽穗开花期是营养生长与生殖生长并进阶段，生长速度快，吸收养分多，吸收速度快，是吸肥最多的时期。开花授粉以后，吸收养分多，但速度逐渐减慢。

春玉米苗期、拔节期、抽穗开花期三个阶段吸收氮素分别占全生育期吸氮总量的 2.14%、51.16%、46.7%，吸收磷素分别占全生育期吸收磷素总量的 1.1%、63.90%、35.0%。要注意的是，春玉米苗期吸收磷素的绝对量虽少，但是苗期是玉米磷素营养临界期，这阶段磷素营养缺乏对玉米生长发育和产量会造成极为不利的影响，且以后难以弥补。春玉米幼苗期的钾素占干物质的百分比最高，为 3.35%，随着植株生长发育这一比例迅速下降。玉米生育中后期的钾素营养主要是前期吸收钾素的再分配利用，其次是从土壤中吸收。春玉米钾素吸收量在拔节后迅速上升，至开花期吸收达顶峰。

2. 玉米施肥的技术要点是什么？

（1）施肥量和施肥种类。玉米是一种高产作物，吸肥力强，对氮、磷、钾三要素需要量大。玉米施肥一般以氮肥为主。当土壤有效磷含量在 10 mg/kg 以下，高产田土壤有效磷含量在 45 mg/kg 以下，就应施用磷肥。土壤速效钾含量低于 120 mg/kg 的地块，应及时施用硫酸钾或氯化钾肥。

玉米是需硫元素较多的作物，在中性至碱性土壤上有意识地选择施用硫酸铵，可兼顾玉米的氮素和硫素营养。

玉米是对锌敏感的作物。缺锌影响玉米植株内生长素的合成，进而使细胞壁不能伸长，植株节间缩短，出苗后 10 d 左右，新生叶的叶脉间失绿，呈淡黄色或白色，叶基部 2/3 处最明显，所以也叫白苗病或白化苗，另外，叶片中、上部的脉间组织变薄，呈半透明黄色条纹状，叶片易沿脉间撕裂。生长中后期主要是叶脉间失绿，形成淡黄色和淡绿色相间的条纹，严重时呈棕褐色坏死，植株抽雄。吐丝延迟，果穗秃顶或缺粒。玉米缺锌常发生在 pH 值＞6 的石灰性土壤上。施用碱性和生理碱性肥料，如碳酸氢铵，会降低土壤有效锌含量，而诱发玉米缺锌症。苗期发现玉米缺锌症（白化病），可用 0.1%～0.2% 的硫酸锌溶液叶面喷施，每隔 7～10 d 喷 1 次，共喷 2～3 次。缺锌土壤可每公顷施用 15～20 kg 硫酸锌与细干土 150～225 kg 拌匀，作基肥条施或穴施，也可用 0.02%～0.05% 的硫酸锌溶液浸种 6～8 h。

（2）施肥方式

①基肥。春玉米施肥以基肥为主，基肥用量一般占总施肥量的 60%～70%。基肥以有机肥为主，辅以适量的化肥。有机肥肥分全面，但养分含量低，春玉米生育前期温度较低，有机肥分解缓慢，供肥量小，为满足春玉米生育前期对养分的需要，一般将氮肥总量的 20%～30% 作基肥施用。玉米苗期是磷素营养临界期，而磷肥容易被土壤固定，移动性小，同氮肥相比淋失少、肥效长，一般适于作基肥和种肥施用。

基肥一般每公顷施家畜家禽粪或厩肥 15～30 t，氮肥折合纯氮 35～60 kg，过磷酸钙 150～375 kg，缺钾的土壤增施氯化钾 75～105 kg，或草木灰 750～1 500 kg，缺锌的土壤要施用锌肥。

北方春玉米产区气温低、雨量少，有机质分解缓慢，如果基肥用量较大，可在秋耕或冬耕前铺施，然后深翻入土，开春后只要春耙就可播种。秋施或在土壤封冻前施基肥的效果比春施好，不仅能保蓄土壤中的水分，还能提高肥效。基肥用量少的可开沟条施。

②种肥。施用种肥，肥料相对集中且靠近玉米根系，易于被根系吸收利用，是一种经济有效的施肥方法。尤其是地力差、肥料不足时，施用种肥效果更突出。

种肥一般用腐熟的家畜家禽粪等优质有机肥，每公顷施用 750～1 500 kg，或用硫酸铵 37.5～75 kg，或硝酸铵 30～60 kg。若氮、磷肥混合作种肥，或用复合肥作种肥时，种肥用量应低于氮、磷肥单独用作种肥量之和。氮、磷肥以 2：1 或 1：1 配合施用为宜。种肥最好与过筛的有机肥或细土混匀后施用，否则应施在距种子 3～4 cm 的位置，以防烧伤种子而影响出苗。

③追肥。春玉米一般施足了基肥和种肥，不必施苗肥。春玉米追肥主要是用氮肥。

一是拔节肥。春玉米拔节肥在叶龄指数 30% 时施用。施肥量一般占追肥总量的 20%~30%，也可配合部分优质腐熟厩肥。如果前期施肥量少，地力差，玉米长势差，应早施或多施拔节肥。

二是大喇叭口肥。春玉米大喇叭口肥在玉米抽雄前 10~15 d，叶龄指数达 60% 时施用。此时玉米植株外形呈大喇叭口状。这次追肥量一般占追肥总量的 60%~70%。

三是粒肥。春玉米生育期较长，开花授粉以后仍要吸收较多的氮素，为了防止春玉米后期脱肥，在抽雄后，可根据取雄时，植株的长势、土壤性质、前期施肥尤其是大喇叭口肥的施用情况补肥。在植株果穗节以下黄叶多、茎秆细黄、地力差、砂性土、前期施肥少的情况下，补施粒肥有明显效果。反之，在植株叶色深绿、长势旺盛，尤其是果穗节以下还有 4 片左右绿叶，且土质肥沃、前期肥料足、土壤保肥性好等情况下可以不施粒肥。粒肥要在吐丝前施用，施肥量控制在追肥总量的 5%~10%。有贪青势头的田块，可喷施 0.2% 的磷酸二氢钾溶液。

春玉米追肥多用氮肥，要求开沟或挖穴施在根系密集的优质有机土层内，并覆盖好，充分发挥肥效。碳酸氢铵易挥发损失氮素，应注意深施埋好。旱地追肥更应注意适当深施，或在培土时结合追肥，把肥料严密地掩埋在土中。水浇地也可在撒施后浇水。

春玉米施用磷、钾肥最好作基肥和种肥，但对保肥性差的砂性土，尤其是多雨、灌水量大的地区或田块，可留部分钾肥在拔节期追施，最迟在抽雄前追施。如果春玉米早期出现缺磷症或缺钾症，就应及早追施速效磷或速效钾肥。

3. 玉米追肥、浇水有哪些错误操作?

（1）基肥不足追肥补。基肥（以农家肥为主）的优点是：增加土壤的有机质含量，增强土壤的团粒结构。而多数农民在玉米栽培中往往忽略这一点，不重视基肥的施用。"基肥不足追肥（以化肥为主）补"，只能使土壤越种越板结，是一种掠夺式栽培方式，不可取。

（2）有肥就追，有水就浇。在玉米苗期，如果不根据干旱程度、墒情好坏、苗情强弱等实际情况进行适时、适量的追肥、浇水，往往造成玉米地上部分幼苗徒长，而地下部分根系难以下扎，致使玉米失去蹲苗锻炼的机会，从而给玉米植株埋下倒伏隐患。在玉米灌浆期追肥浇水，既加大了玉米生产投资，又浪费了肥料，同时还会造成玉米贪青晚熟，甚至导致遭受霜冻等不良后果。

（3）重氮磷钾，轻视微肥。玉米在生长发育过程中，不仅需要氮磷钾等大量元素肥料，而且需要微量元素肥料。微量元素肥料在玉米的生长发育过程中，虽然需求量小，但作用也很大，有试验表明，玉米适量施用锌肥，穗粒数比对照增加 50～80 粒，千粒重增加 15～30 g，一般每亩可增产 8%～15%。

（4）抽穗后不追肥。玉米抽穗后，大多数地块由于基肥施用不足或基肥质量不高，肥效基本耗尽，土壤中的养分已经满足不了玉米后期生长发育的需要，要想获得玉米优质丰产，必须酌情施一些速效性氮肥，以防止玉米早衰，促进玉米灌浆和籽粒饱满，提高千粒重。此时"攻粒肥"不但不可省，反而要早施、穴施、适量施。

4. 有机肥与化肥的主要差异有哪些？

有机肥是指以动物的排泄物或动植物残体等富含有机质的副产品资源为主要原料，经发酵腐熟后而成的肥料。有机肥有改良土壤、培肥地力、提高土壤养分活力、净化土壤生态环境、保障蔬菜优质高产高效益等特点，是设施蔬菜栽培不可替代的肥料。有机肥主要有商品有机肥和农家肥。化学肥料，简称化肥，是用化学和（或）物理方法制成的含有一种或几种农作物生长需要的营养元素的肥料。也称无机肥料，包括氮肥、磷肥、钾肥等，其成分单纯，养分含量高；肥效快，作用强；某些肥料有酸碱反应；一般不含有机质，无改土培肥的作用。化学肥料种类较多，性质和施用方法差异较大。二者的区别如下。

①养分含量：有机肥低，化肥高；②养分种类：有机肥全面，化肥单纯；③养分释放速度：有机肥慢，化肥快；④肥效：有机肥较长，化肥短暂；⑤有机肥可改良土壤，有些化肥长期施用后会影响土质，化肥（尤其是氮肥）还会对生态环境造成不利影响。

5. 氮肥在土壤中损失的途径有哪些？

氮肥是指以氮（N）为主要成分，具有 N 标明量，施于土壤可提供植物氮素营养的单元肥料。氮肥是世界化肥生产和使用量最大的肥料品种；适宜的氮肥用量对于提高作物产量、改善农产品质量有重要作用。适用于作基肥和追肥，有时也用作种肥。施用不当会造成损失。

（1）淋洗损失。硝酸盐带负电荷，是最易被淋洗的氮形态。

（2）径流损失。硝酸盐、土壤黏粒表面吸附的铵离子和部分有机氮可以随地表径流进入河流、湖泊等水体中，引起水体富营养化。

（3）挥发损失。土壤中的氮素可通过反硝化作用和氨挥发两个机制形成气态氮，进入大气，从而引起氮损失。反硝化作用是在厌氧的条件下，硝酸盐在反硝化微生物的作用下，还原成 N_2、N_2O、NO 等的过程。氨挥发易发生在石灰性土壤上。

6. 高产肥沃的土壤特征是什么？如何培肥土壤？

高产肥沃的土壤特征有：①良好的土体构造；②适量协调的土壤养分；③良好的物理性质。

培肥土壤的措施：①增施有机肥，培育土壤肥力；②合理的轮作倒茬，用地养地结合；③合理的耕作改土，加速土壤熟化；④防止土壤侵蚀，保护土壤资源。

7. 为何磷肥的利用率较低？如何提高磷肥的利用率？

磷肥按溶解度划分为三类，分别是水溶性磷肥、枸溶性磷肥以及难溶性磷肥。其中水溶性磷肥中最常见的是过磷酸钙，枸溶性磷肥中常见的是沉淀磷肥，难溶性磷肥有骨粉、磷矿粉。磷肥利用率低的原因：①磷在土壤中极易被固定；②磷在土壤中扩散缓慢，作物根系很难利用根系接触不到的土壤中的磷。

提高磷肥利用率的途径：①根据不同作物的需磷特性和轮作制度合理施磷；②根据土壤条件合理施磷；③根据磷肥的特性合理施磷；④配合施用氮磷钾肥。

8. 为提高过磷酸钙的肥效应采取哪些措施？

过磷酸钙是由磷矿石加硫酸，通过化学反应制成的一种肥料，含磷量一般为 $12\%\sim14\%$，同时还含有大量的钙元素和硫元素，是一种生理酸性肥料，可以同时补充作物生长发育所需的磷、钙和硫三种元素。为提高肥效，施用时注意：①集中在近根处施肥；②与有机肥配合施用；③提倡根外追肥；④不与碱性物质（如碳酸氢铵等）混合施用；⑤旱重水轻。

9. 土壤淹水后，磷的有效性为何提高？

①土壤淹水后，磷的总溶解量增加；②淹水后土壤 pH 值趋于中性，磷的有效性提高；③土壤氧化还原电位（Eh）下降可导致高价铁还原为低价铁，提高了磷酸铁盐的有效性，同时有利于闭蓄态磷的释放；④淹水条件下有机物分解不完全，其中间产物对磷酸根有一定的保护作用；⑤磷主要依靠扩散到达根际，淹水有利于磷的扩散。

10. 为何硝态氮肥的施用可加重石灰性土壤上植物缺铁的程度？

硝态氮肥是生理碱性肥料，用于石灰性土壤，可使土壤碱性增强，而铁的溶解度随土壤 pH 值的升高而降低，所以在石灰性土壤上施用硝态氮肥会加重植物的缺铁程度。

11. 为何要避免在水田或排水不良土壤施用新鲜有机质？

（1）由于水田或排水不良土壤处于嫌气状态下，大多数分解有机质的好氧微生物停止活动，而以嫌气微生物为主，对有机质进行厌气性分解，产生大量的还原性有害物质，不利于植物生长。

（2）由于新鲜有机质含有较高的 C/N，所以微生物与植物竞争矿质态氮，导致植物缺氮。

12. 为什么土壤质地不同时，土壤性质有很大差异？

土壤按各粒级土粒含量的百分率可分为砂土、壤土和黏土等。不同质地的土壤中含有不同的成土矿物，因而性质相差很大。

（1）砂土主要以原生矿物为主，因此孔隙度大，通气性好，但保肥保水能力差，且增温降温变化较快，在养分供应上，往往作物苗期营养充分而后期不足。

（2）黏土以次生硅酸盐类矿物为主，质地较细，孔隙度较小，通气性差，但保肥保水能力强，且增温降温变化较慢，在养分供应上，往往苗期不足而后期充足。

（3）壤土的组成介于黏土和砂土之间，有一定的保肥保水能力，通气状况一般也较好，养分供应适当，是最适宜耕作土壤。

13. 为什么说土壤团粒结构是良好的土壤结构体？

土壤团粒结构是由若干土壤单粒黏结在一起成为团聚体的一种土壤结构。具有团粒结构的土壤有养分供应与积累协调、耕性良好、根系生长良好的特性，是农业丰产稳产的重要保障。因此，它是土壤最理想的结构，是土壤肥沃的重要标志。土壤团粒结构的特点：①具有大小不同的多级孔隙；②协调土壤水和气的矛盾；③协调土壤有机养分消耗与积累的矛盾；④能稳定土壤温度，调节土壤热量；⑤改良土壤耕性，有利于根系伸展。

14. 养分归还学说的基本内容是什么？

养分归还学说强调了施肥的重要性和必要性。基本内容：①植物以不同方式从土壤中吸收矿质养分，随着作物的每次收获，必然要从土壤中取走大量养分；②如果不正确地归还土壤的养分，连续种植会使土壤贫瘠衰竭；③要想恢复地力就必须归还从土壤中取走的全部养分。

15. 施用微量元素肥料有哪些注意事项？

微量元素肥料，通常简称为微肥，是指含有微量营养元素的肥料，作物吸收消耗量少（相对于大量元素肥料而言）。作物对微量元素需要量虽然很少，但是它们同大量元素一样，对作物是同等重要的，不可互相代替。施用微量元素需注意：①针对作物对微量元素的反应施用微肥；②摸清土壤中微量元素含量的现状；③改良土壤环境，提高肥料的可给性；④把施用大量元素放在重要位置上；⑤严格控制用量，力求施用均匀。

16. 复合肥的发展方向有哪些？

复合肥料是指含有氮、磷、钾中两种或两种以上营养元素的化肥，复合肥具有养分含量高、副成分少且物理性状好等优点，对于平衡施肥，提高肥料利用率，促进作物的高产稳产有着十分重要的作用。复合肥的发展方向是高效化、复合化、液体化和长效化。

17. 土壤酸碱性对土壤养分有效性有何影响？

土壤酸碱性是土壤重要的化学性质，对土壤微生物的活性、矿物质和有机质的分解有重要作用，因而影响土壤养分元素的释放、固定和迁移等。土壤 pH 值 6.5 左右时，各种营养元素的有效性都较高，且适宜多数作物的生长；微酸性、中性、碱性土壤中，氮、硫、钾的有效性高；土壤 pH 值为 6~7 的土壤中磷的有效性最高；在强酸性和强碱性土壤中，钙和镁的有效性低，在 pH 值 6.5～8.5 的土壤中有效性高；铁、锰、铜、锌等微量元素在酸性和强酸性土壤中有效性高，在碱性土壤中有效性低；在强酸性土壤中，钼的有效性低；硼的有效性与土壤 pH 值关系较复杂。

18. 在生产实际中，为什么常将磷肥，特别是过磷酸钙或钙镁磷肥作为基肥或种肥而不作追肥？

（1）过磷酸钙和钙镁磷肥在土壤中的移动性较小，同时又极易被土壤固定。因此使用时，须尽量减少其与土壤的接触面，增加其与根系的接触机会。用作基肥是一种经济有效的方法，既可以减少磷肥与土壤的接触面，又可以提高局部土壤中磷的浓度，使施肥点与根系之间形成浓度梯度，以利于磷酸根离子向根系扩散。

（2）作物的磷营养临界期一般都在生育早期，作基肥是满足作物磷营养临界期对磷的需要，充分发挥肥效的有效措施。

19. 玉米如何根据叶龄科学追肥？

叶龄指作物主茎上长出的叶片数目。一般来说，植物长出几片完全叶就称为几叶龄。玉米叶龄模式管理即按需施肥，在适当的时机做好"断奶肥""送嫁肥""提苗肥""穗肥""壮籽肥"等追肥的施用。

（1）玉米苗期及移栽前后。玉米苗期及移栽前后，注意做好"断奶肥"和"送嫁肥"的追施。玉米 3 叶期，种子胚乳内储藏的养分耗尽，这个时候植株根系尚不发达，吸收土壤中养分的能力较弱，可每亩用尿素 2.5 kg 左右兑水浇施一次"断奶肥"。实行营养球育苗移栽的玉米，移栽前（二叶一心至三叶一心）再追施一次"送嫁肥"。

（2）玉米 5～6 叶期。玉米生长至 5～6 片叶时，根据田间长势、土壤肥力状况等，对苗势较弱的玉米，每亩追施尿素 5～10 kg，结合浅中耕松土追施一次"提苗肥"。

（3）玉米 10 叶期。玉米达到 10 片叶时，应追施一次"穗肥"以促进长穗。玉米植株对追肥的吸收往往要滞后几天，刚施入的肥料不能立即产生作用，当追肥起作用的时候，正好可以为穗位的功能叶（棒三叶）的生长发育提供营养。棒三叶是直接影响玉米穗大小及产量形成的功能叶，这次追肥是关键，应保证施到、施足。一般每亩追施尿素 15～20 kg。

（4）玉米抽雄期。玉米抽雄期，为保证籽粒饱满，还应追施一次"壮籽肥"，一般每亩追施尿素 5～7.5 kg。这时还可辅以隔行去雄，除去影响产量的病株、弱株，以及去除病黄脚叶等。

20. 为什么要进行玉米根外追肥？

玉米根外追肥，是将矿质养分喷洒在叶片上，经过气孔和角质层进入叶片内部，供玉米吸收利用。其优点是用肥量少，见效快。据试验，在玉米散粉期、灌浆期叶面喷施 0.2%～0.3% 的磷酸二氢钾溶液 1～3 次，千粒重增加 2～12 g，每亩增产 3.5～50 kg；对表现缺氮的玉米喷 2%～4% 的尿素 2～3 次，千粒重增加 2～40 g，每亩增产 6.5～75 kg；在玉米抽穗期喷 0.01% 的钼酸铵溶液，玉米后期叶片不早衰，籽粒饱满，千粒重增加 10～20 g。

此外，易被土壤固定形成难溶解物质的铁、锌、锰等化学元素，很难被玉米根系吸收，常导致作物发生缺铁、缺锌和缺锰症。采用根外追肥，可以迅速补充玉米生长所需要的上述元素。为了提高玉米叶面喷肥的效果，在溶液中可加入少量的洗衣粉等，使肥料溶液能更好地黏附在叶面上。根外喷肥的时间最好是在 10：00 前和 16：00 后，以避开中午的炎热阶段，使叶面保持较长时间的湿润状态，增加养分的吸收量。同时，根外喷肥时也可加入 10% 的草木灰水，10% 的鸡粪液，10%～20% 的兔粪液，或腐熟人尿液等，都有较明显的增产效果。

21. 玉米 6～8 片叶时，叶面喷洒什么叶面肥效果好？

玉米 6～8 片叶属于拔节期，这时候雌、雄穗开始分化，对氮素的吸收非常强烈，如果这时缺氮会影响穗分化，从而导致玉米果穗小，最终造成减产。这个阶段也不能缺少锌肥、硼肥，喷施叶面肥时可适当加些锌肥和硼肥或喷施含有微量元素锌、硼的液体氮肥。

另外，玉米 6～8 片叶时也可以喷施矮壮素，对于特别旱的地块，可以适当推迟至 8～9 片叶。雨水较多的地区，在喷施矮壮素的时候可以加入磷酸二氢钾。

22. 玉米产量与需氮肥（N）量的关系如何？

（1）低产田（300～400 kg/亩），需纯 N 10 kg/亩左右。其中，出苗—拔节期需 6 kg/亩左右，拔节—大喇叭口期需 4 kg/亩左右。

（2）中产田（500～600 kg/亩），需纯 N 13 kg/亩左右。其中，出苗—拔节期需 5.2 kg/亩，拔节—大喇叭口期需 7.8 kg/亩。

（3）高产田（700～900 kg/亩），需纯 N 16.5 kg/亩左右。其中，出苗—拔节期需

5.8 kg/亩, 拔节—大喇叭口期需 8.3 kg/亩, 吐丝—籽粒建成需 2.5 kg/亩。

在具体施肥时, 需要把纯 N 换算为相应的氮肥的量。

23. 玉米产量与需磷肥 (P) 量的关系如何?

（1）低产田（300~400 kg/亩）, 需 P_2O_5 4 kg/亩左右。其中, 出苗—拔节期不需施 P 肥, 拔节—大喇叭口期需 1 kg/亩左右, 吐丝—籽粒建成需 1.4 kg/亩左右。

（2）中产田（500~600 kg/亩）, 需纯 P_2O_5 5 kg/亩左右。其中, 出苗—拔节期不需施 P 肥, 拔节—大喇叭口期需 1.3 kg/亩, 吐丝—籽粒建成需 1.8 kg/亩。

（3）高产田（700~900 kg/亩）, 需纯 P_2O_5 7 kg/亩左右。其中, 出苗—拔节期不需施 P 肥, 拔节—大喇叭口期需 1.8 kg/亩, 吐丝—籽粒建成需 2.5 kg/亩。

从整个生育期来看, 抽雄前 P_2O_5 施用量占 37%, 抽雄后占 63%, 玉米生长后期需 P 肥较多, 在具体施肥时, 需要根据肥料的含 P 量, 将 P_2O_5 换算成相应磷肥的量。

24. 玉米产量与需钾肥 (K) 量的关系如何?

（1）低产田（300~400 kg/亩）, 需 K_2O 8 kg/亩左右。其中, 出苗—拔节期不需施 K 肥, 拔节—大喇叭口期需 5.7 kg/亩左右, 吐丝—籽粒建成需 2.3 kg/亩左右。

（2）中产田（500~600 kg/亩）, 需 K_2O 14.5 kg/亩左右。其中, 出苗—拔节期不需施 K 肥, 拔节—大喇叭口期需 10.4 kg/亩, 吐丝—籽粒建成需 4.1 kg/亩。

（3）高产田（700~900 kg/亩）, 需纯 K_2O 23.5 kg/亩左右。其中, 出苗—拔节期不需施 K 肥, 拔节—大喇叭口期需 16.8 kg/亩, 吐丝—籽粒建成需 6.7 kg/亩。

从整个生育期来看, 到抽雄期已吸收钾肥 86.5%~100%, 玉米主要是前期需 K 肥。在具体施肥时, 需要根据肥料的含 K 量, 将 K_2O 换算成相应磷肥的量。

25. 玉米缺氮有何症状? 怎样防治?

玉米缺氮幼苗生长缓慢, 植株矮小细弱, 最明显的症状是叶尖开始变黄, 再沿叶脉呈楔形向基部扩展, 最后整个叶片枯黄衰亡; 穗小且不饱满。

玉米缺氮防治措施: ①培肥地力, 提高土壤的供氮素能力。对于新开垦的、熟化程度低的、有机质贫乏的土壤及质地较轻的土壤, 要增加有机质肥料的投入, 培肥地力, 以提高土壤的保氮和供应氮素方面的能力, 防止缺氮症的发生。②在大量施用碳氮比较高的有机肥料如秸秆时, 应注意配施速效氮肥。③中等肥力的玉米田，一般亩施纯氮 11～13 kg。在夏玉米上主要分三次施用：第一次在苗期进行追施，施用量占玉米施用氮肥总量的 20%；第二次在大喇叭口期追施，施用量占 70%；第三次在抽雄开花期追施，施用量占施用氮肥总量的 10%。此外，苗期缺氮可喷施 1% 尿素水溶液，连喷 3 次。后期缺氮进行叶面喷施，用 2% 的尿素溶液连喷 2 次。

26. 玉米缺磷有何症状？怎样防治？

玉米缺磷症状：幼苗生长缓慢、矮缩，根系发育差，叶片不舒展，茎和叶呈暗绿色，并带紫色，叶尖干枯呈暗褐色。因玉米植株体内糖代谢受阻，叶中积累糖分较多，促进花色素苷的形成，使植株带紫色。孕穗至开花期缺磷，糖代谢与蛋白质合成受阻，果穗分化发育不良。果穗顶部缢缩，甚至空穗，花丝也会延迟抽出，容易出现秃顶、花粒、粒行不整齐、果穗弯曲等现象。

防治方法：①常施用一定量的磷酸二铵、过磷酸钙等，可以作基肥；②发现缺磷，早期还可以开沟追施磷酸二铵 20 kg/亩，中、后期叶面喷施 0.2%～0.5% 的磷酸二氢钾溶液，或喷施 1% 的过磷酸钙溶液。

27. 玉米缺钾有何症状？怎样防治？

玉米缺钾时，根系发育不良，植株生长缓慢，叶色淡绿且有黄色条纹，严重时叶缘和叶尖呈紫色，随后干枯呈灼烧状，叶的中间部分仍保持绿色，叶片却逐渐变皱。这些现象多表现在植株下部的老叶上，因缺钾时老叶中的钾素首先转移到新器官组织中去。缺钾还使植株瘦弱，易感病，易倒折，果穗发育不良，秃顶严重，籽粒中淀粉含量少，千粒重下降，造成减产。

防治方法：玉米属于喜钾素作物，一般每亩施 10 kg 氯化钾作底肥或苗期结合追肥施入。也可叶面喷施磷酸二氢钾溶液，还可追施玉米专用肥。

28. 玉米缺铁有何症状？怎样防治？

玉米缺铁表现为叶片逐渐褪绿，出现条纹。玉米缺铁时，上部叶片的叶脉之间失绿，呈条纹花叶，心叶呈重症状，严重时心叶不出，生育延迟，甚至不能抽穗。玉米缺铁常因碱性土壤中易缺铁所致。

防治方法：①玉米缺铁以增施有机肥为宜。②追施硫酸亚铁溶液。玉米生长期出现缺铁症状时，叶面喷 0.3%～0.5% 的硫酸亚铁溶液，或在播种前，将种子用 0.02% 的硫酸亚铁溶液浸种。

29. 玉米缺锌有何症状？怎样防治？

玉米缺锌幼苗在出土后的两周内开始有明显的病症，叶片具有浅白色的条纹，后中脉两侧会出现一个白化的区域，但是中脉和边缘地区仍是绿色。前期发病状况则是叶脉间出现浅黄色条纹或者叶片边缘出现白色斑点使叶片坏死。当作物逐渐成熟后，除了新叶有以上病症外，老叶的叶脉也会形成失绿条纹，也会在主脉和叶缘间呈现黄白色的带状绿色区域，就是俗称的"花白叶"。更严重时可能会变成褐色，作物的下半部分也会发紫。会使根系变黑，影响吸收，直接导致玉米产量下降。

判断玉米是否缺锌的主要依据是：土壤有效锌（DTPA-Zn）含量小于 0.5 mg/kg（缺锌临界值）。当土壤有效锌含量低于临界值时，可通过基肥施硫酸锌 1～2 kg/亩，或叶面喷施浓度为 0.1%～0.2% 的硫酸锌溶液 30～60 kg/亩。苗期、拔节期、大喇叭口期、抽穗期均可喷施，但以苗期和拔节期喷施效果较好。

防治方法：①通过土壤补充锌肥。常用的锌肥有硫酸锌、氧化锌等，可以作基肥或追肥。②科学施用磷肥，避免拮抗。因磷肥的移动性差，建议磷肥穴施、条施，即集中施用。③叶面喷施糖醇锌，补充玉米生长所需的锌肥。使用郑州助丰农业科技有限公司的产品糖醇锌，能够有效预防玉米因缺锌而引起的各种病害。

30. 玉米缺硼有何症状？怎样防治？

玉米前期缺硼，幼苗展开困难，叶组织遭到破坏，叶脉间呈现白色宽条纹，根部变粗、变脆；开花期缺硼，雄穗不易抽出，雄花退化，雌穗也不能正常发育，甚至会形成空秆。果穗籽实行列弯曲不齐，结实率低，穗顶部变黑。

防治方法：①土壤缺硼严重，可结合施用氮、磷、钾化肥或有机肥作基肥，每公顷撒施硼砂 7.5～15 kg。②玉米缺硼素的防治方法是施硼肥。用硼肥浸种、拌种或施用种肥，用量比基肥少一半以上。③用浓度 0.1%～0.2% 硼酸溶液叶面喷洒两次。

31. 玉米缺钙有何症状？怎样防治？

（1）玉米缺钙的症状。土壤缺钙发病初期，植株呈轻微黄绿色，生长矮小，幼苗叶片不能抽出或不展开，玉米的生长点和幼根即停止生长，玉米新叶叶缘出现白色斑纹和锯齿状不规则横向开裂。新叶分泌透明胶质，相邻幼叶的叶尖相互粘连在一起，使新叶抽出困难，不能正常伸展。卷筒状下弯呈"牛尾状"，严重时老叶也出现棕色焦枯。发病植株的幼根畸形，根尖坏死，和正常植物的根系相比根系量小，新根极少，老根发褐，整个根系变小。

缺钙能引起植物细胞黏质化。首先是根尖和根毛细胞黏质化，致使细胞分裂能力减弱和细胞伸长生长变慢，生长点呈黑胶黏状。叶尖产生胶质，致使叶片扭曲粘在一起，而后茎基部膨大并有产生侧枝的趋势。

（2）玉米缺钙的原因。石灰性土壤一般不会缺钙，土壤酸度过低或矿质土壤，pH值 5.5 以下，土壤有机质在 48 mg/kg 以下或钾、镁含量过高时易发生缺钙。华南地区红壤和砖红壤都缺钙，一般含钙量仅 0.02%。缺钙土壤施用石灰，除可使植物和土壤获得钙的补充外，还可提升土壤 pH 值，从而减轻酸性土壤中大量铁、铝、锰等离子对土壤性质和植物生理的危害。石灰还能促进有机质的分解。

（3）玉米缺钙的防治方法。①应根据植株分析和土壤检测结果及缺素症表现进行正确诊断。②施用腐熟有机肥。采用配方施肥技术，对玉米按量补施所缺肥素。③在缺素症发生初期，在叶面上对症喷施叶肥。用惠满丰多元素复合有机活性液肥 210～240 mL，兑水稀释 300～400 倍或用促丰宝活性液肥 E 型 600～800 倍液、多功能液肥万家宝 500～600 倍液。④玉米发生生理性缺钙症状可喷施 0.5% 的氯化钙水溶液。强酸性低盐土壤，可每亩施石灰（草木灰）50～70 kg，用作基肥，可与绿肥作物同时耕翻入土，忌与铵态氮肥或腐熟的有机肥混合施入。

32. 玉米缺锰有何症状？怎样防治？

（1）玉米缺锰症状。锰是植物体内酶的激活剂，它对玉米的呼吸作用、光合作用以及叶绿素的形成有重要作用。玉米缺锰症状是从叶尖到基部沿叶脉间出现与叶脉平行的黄绿色条纹，幼叶变黄，叶片柔软下垂，茎细弱，籽粒不饱满、排列不齐，根细而长。

石灰性土壤，pH 值大于 7 易缺锰；多雨地区，紧靠河岸的田块，锰元素容易被淋失；施用过量的石灰可以导致缺锰。

（2）防治方法。用 0.1%～0.3% 的硫酸锰水溶液浸种或每千克玉米种用 10 g 硫酸锰拌种或用 0.5% 的硫酸锰溶液叶面喷施。也可在缺素症发生初期，在叶面上喷施叶肥"蓝色晶典"，每亩用 50 g；或用惠满丰多元素复合有机活性液肥 210～240 mL，兑水稀释 300～400 倍；或用促丰宝活性液肥 E 型 600～800 倍液、多功能高效液肥万家宝 500～600 倍液。

33. 玉米缺钼有何症状？怎样防治？

（1）玉米缺钼症状。首先是叶片失绿，叶脉间叶色变淡、发黄，叶片易出现橘红色斑点，然后叶缘卷曲、凋萎甚至坏死，后期雄穗发育受到抑制，籽粒不饱满；老叶先出现症状，新叶在相当长的时间内仍表现正常；籽粒皱缩，成熟延迟。《玉米病害诊断》则表述为：老叶的叶尖干枯，并且叶脉间逐渐失绿变黄，叶缘焦枯向内卷曲，籽粒皱缩。《玉米科学》最新报道：缺钼植株中下部叶片呈黄绿色，叶片边缘向上卷曲，叶尖变黄，小斑点散布在整个叶片，主根长、侧根多，但根的总量少。大量施用磷肥、氮肥以及施用锰肥、硫元素过多，对钼的需求增多，容易导致缺钼。

（2）防治方法。连续 2 次喷施钼酸铵溶液，每次每亩用钼酸铵 50 g，先用少量温热水将其溶解，再加水 50 kg 稀释后均匀喷施。

34. 玉米缺镁有何症状？怎样防治？

（1）玉米缺镁症状。玉米缺镁，幼苗上部叶片发黄，叶脉间出现黄白相间的褪绿条纹。下位叶（老叶）先是叶尖前端叶脉间失绿，并逐渐向叶基部扩展，叶脉仍绿，呈现黄绿色相间的条纹，有时局部也会出现念珠状的绿斑，叶尖及其前端叶缘呈现紫红色，严重时叶尖干枯，叶脉间失绿部分出现褐色斑点或条斑。玉米缺镁生长后期不同层次的叶片呈不同的叶色，上层叶片绿中带黄，中层叶片黄绿相间条纹明显，下层老叶叶脉之间残绿，前端两边缘紫红。

（2）防治方法。①改善土壤环境，增施微生物菌肥或有机肥。对酸性较大的土壤，可采用有机肥、土壤调理剂与含中微量元素的复合肥混合施用。②根据玉米需肥规律与土壤肥力情况，平衡施肥，可减少土壤中因养分失衡而引起的生理性的镁营养缺乏症状。③轻度缺镁可以用含镁中微量元素液体肥叶面喷施 2～3 次，每次相隔 7～10 d，可以较好地矫正玉米镁营养缺乏症状。

35. 玉米缺硫有何症状？怎样防治？

（1）玉米缺硫症状。初发时叶片叶脉间发黄，植株发僵，中后期上部新叶失绿黄化，脉间组织失绿症状会更加明显，随后由叶缘开始逐渐转为淡红色至浅紫红色，同时茎基部也呈紫红色，幼叶多呈缺硫症状，而老叶保持绿色；生育期延迟，结实率低，籽粒不饱满。

（2）防治方法。可以在苗期至拔节期每亩喷施 0.2%硫酸锌溶液 50～75 kg，或者在播种前期用硫酸锌溶液拌种。

36. 玉米拔节期和大喇叭口期追肥为什么叫"攻秆肥"和"攻穗肥"？

玉米从拔节期到大喇叭口期大约 30 d 时间，这个时期正是玉米最需要营养的时期，随着拔节的开始，玉米生殖生长的进程逐步加快，也就是为将来玉米的雄穗抽出，雌穗分化生成做准备。到大喇叭口期时，正式进入小花分化，雄穗准备抽出，这是一个重要的营养需求阶段。到了拔节期，玉米体内的氮素营养已稍有缺乏了，需要为茎秆的生长补充氮素了，称为"攻秆肥"，占玉米总氮素需求的 10%～20%为宜。施尿素 29 kg/亩，对玉米茎叶的生长较为适宜。

当玉米有 12 片展开叶的时候，就进入了大喇叭口期，这是玉米比较重要的需肥时期，玉米底肥中的磷、钾在这个时期已经进行了大范围吸收，氮肥则需要进行追施，按照亩产量的需求需要补充大约 15 kg/亩的氮素，称之为"攻穗肥"。

37. 玉米灌浆期用什么叶面肥较好？

（1）根据植株生长发育状况，适时进行叶面喷肥。在种肥中磷肥用量少的情况下，可后期喷施磷酸二氢钾，用 300 g 磷酸二氢钾加 100 kg 水，充分溶解后喷施即可。也可喷洒 0.5%亚磷酸钾+氨基酸水溶肥。

（2）在地块缺锌的情况下，可施用 0.1%～0.2%硫酸锌，再加少量石灰液喷施即可。

38. 玉米早衰是什么原因？怎样防治？

玉米早衰的症状：果穗下部的叶片从叶尖、叶缘开始变黄，随后枯萎，果穗上部叶片呈黄绿色，发病严重时，整个植株的叶片从下往上逐渐枯死，茎秆变软，容易折断，根系枯萎，最后整株玉米死亡。玉米早衰发生原因有多种，主要是脱肥、缺水、病虫害、品种特性等。

（1）脱肥、缺水。玉米属于高水肥作物，生长期内应保证肥水供应，除施足全面的底肥外，在喇叭口期、抽穗扬花期适当追肥，才能保证玉米的正常需求。脱肥、缺水可以表现在生长期的各个阶段，尤其是灌浆期以后，棒穗以下的大部叶片枯萎、变黄、变干，甚至整株玉米叶片有失绿、萎蔫的现象，为早衰的表现。最后籽粒瘪瘦，严重影响产量和品质。

（2）病虫害影响。一些玉米病害如根腐病、大斑病、小斑病，虫害如蚜虫、灰飞虱、钻心虫、二点委夜蛾等都会引起玉米早衰。病虫害可导致玉米根部腐烂，叶片枯干，阻断了玉米对土壤水肥营养的正常吸收及光合作用，会使玉米发生枯黄、干死的现象。

（3）品种特性。玉米品种特性不同，有的品种在后期易出现叶片枯黄，尤其是棒穗以下的叶片。有的品种在同等的水肥及管理条件下，没有叶片枯黄现象，自下（除有1~2片自然干枯老叶）而上全是绿色叶片，直到玉米完熟，这称为活秆成熟。玉米灌浆完毕至成熟收获时，大部叶片枯黄，或活秆成熟，均为正常现象，因品种不同，玉米完熟后叶片枯黄干死，和早衰不可视为一个概念。

种植玉米之前要施足底肥，如果施肥不当，施入化肥过多，后期管理中由于浇水、施肥等因素的影响，没有进行中耕松土，多雨天气引起土壤积水，都会造成土壤板结，土壤中氧气不足，透气性差，玉米根系在这样的土壤中生长发育受阻，也会引起玉米早衰现象的发生。如果种植密度过大，又没有及时间苗，随着玉米生长，就会造成田间的通风不良，从而影响玉米的长势。玉米长势弱，植株的抵抗力下降，就会造成早衰。

玉米早衰防治方法如下。

（1）实行轮作，避免连作。轮作可以减轻病害的发生，玉米病菌不侵染大豆，同样大豆的某些病菌也不侵染玉米，这样经过2~3年的轮作就可以有效地减少病害的发生。

（2）合理密植。适宜的种植密度，能协调好单位面积穗数、穗粒数和百粒重的关系，使三个产量构成因素乘积达大值，根据品种特性、土壤肥力、温度、水分等来确定合理的密度。

（3）选择抗逆性强的品种。病害是造成玉米早衰的主要原因之一，选择抗病、抗逆性强的品种能减少病害发生，从而减轻早衰的发生。

（4）培肥地力。施用底肥能改善土壤结构，增加耕层养分，培肥地力，提高产量。底肥宜农家肥与氮、磷、钾肥配合施用。苗期多施草木灰或硫酸钾肥，可以防止早衰，对于不同地块，可酌情施粒肥，以氮肥为主，注意施肥后及时管理，防止根系和叶片早衰。

（5）叶面喷施。若出现早衰趋势或叶片枯黄可以进行叶面喷肥，在开花初期叶面喷施尿素溶液加磷酸二氢钾溶液等，能够明显延长叶片功能期，使成熟期尽可能不提前。

（6）及时防治各种病虫害。玉米螟是造成玉米早衰的原因之一，玉米螟在玉米生育中后期一般都钻入茎秆中为害玉米，由于大风或大雨造成茎秆折断而引起早衰，近几年推广的生物防螟技术能有效地控制和减少玉米螟的为害。另外，玉米的大斑病、小斑病、褐斑病、纹枯病、茎基腐病、根腐病等也是造成玉米早衰的主要原因，要及时防治。

39. 玉米发生肥害的原因有哪些？如何救治？

玉米肥害是因施用化肥过量或种类不当所导致的玉米植株生理或形态失常，肥害可抑制种子萌发或使幼苗死亡，使残存苗矮化、幼苗叶色变黄直至枯死。玉米发生肥害的原因如下。

（1）缩二脲超标。尿素在熔融过程中，若高温（常压下，133℃）处理，会产生缩二脲，缩二脲含量超过 2% 时，对作物种子和幼苗均有毒害作用。近年来，随着复合肥生产工艺的变革，缩二脲在高塔熔融喷浆、油冷及转鼓喷浆等造粒工艺过程中若操作不当也易产生，从而对玉米生产造成潜在威胁。

（2）肥料配方不合理。传统的复合肥配方中，氮含量一般不超过 15%，而有些复合肥配方中氮含量往往超过 20%。氮含量增加，相应施肥方法就应该随之改变（如施肥量相应减少或施肥点离作物根部要远些等），否则浓度过高易产生盐害，造成烧根、烂根。

（3）未经腐熟有机肥直接施入。未经腐熟或腐熟不完全的有机肥一旦施入土壤，其在分解过程中就会产生大量的有机酸和热量，易造成烧根现象。

（4）玉米苗期降水多。土壤耕层含水量高，肥料融化快，多年的旋耕致使犁底层变硬、变浅，根系生长受限，局部土壤溶液一直处于高浓度状态，致使水分供应不足，幼苗生长缓慢，严重的引起体内倒流，植株失水而逐渐死亡。另外由于土壤犁底层坚硬，化肥融化后向下渗透慢，在犁底层上面水平扩展，使根系接触高浓度化肥溶液，发生烧苗。

肥害救治措施：①灌水泡田。多数情况下灌水泡田可迅速减轻肥害。②大量元素过剩所致肥害。氮素过量可喷施适量植物生长调节剂（如用缩节胺、多效唑等）加以缓解；若磷素过剩，可增施氮、钾、锌及其他微肥，以调整元素间的合理比例。③缩二脲超标导致的肥害。可拌入硼、钼、镁等微肥及喷施浓度较低的磷酸二氢钾或磷酸铵之类的叶面肥，同时，浇水淋洗也可降低其在土壤中的浓度，从而减轻受害程度。

40. 水果玉米对土壤肥料有哪些要求？

（1）水果玉米种植地土壤肥沃疏松，光照条件好，排灌便利，田间不能积水，是获得高产的先决条件。

（2）施足基肥，早施苗肥，重施穗肥，氮、磷、钾配合施用，倡导增施有机肥。中等肥力的田块化肥总用量控制在纯氮 15 kg、五氧化二磷 6 kg、氧化钾 6 kg 左右。

（3）玉米生长的中后期适当进行叶面喷肥。

41. 盐碱地能种玉米吗？

盐碱地是盐类离子在土壤中集聚的一个种类，是指土壤中所含的盐分已经影响到作物的正常生长。用 pH 值表示为：轻度盐碱地 pH 值为 7.1～8.5，一般出苗率为 70%～80%；中度盐碱地 pH 值为 8.5～9.5；重度盐碱地 pH 值为 9.5 以上，一般出苗率低于 50%。由此说明，盐碱地虽然出苗率虽然没有正常土地高，但是轻度盐碱地是能够种植玉米的，在种植过程中需要更用心管理。特别强调的是，种植制种玉米一定要小心，避免出现花期不遇，导致死苗严重的现象。

42. 玉米全生育期的需水规律是什么？

玉米不同生长阶段对水分消耗有一定的差异。玉米全生育期需水动态基本上遵循"前期少，中期多，后期偏多"的变化规律。苗期需水较少，占全生育期的 18%～19%；穗期需水较多，占全生育期的 37%～38%；花粒期需水最多，占全生育期的 43%～44%。抽雄、吐丝期需水强度最大。

43. 玉米灌溉有何原则？

玉米灌溉是指补充玉米生长所需的土壤水分，以改善玉米生长条件的技术措施。由于各地自然和气候条件的差异，玉米对灌水的需求也不尽相同。玉米需水量与产量之间有密切的关系，在湿润地区一般不需要灌溉。在干旱或半干旱地区，则需要根据情况进行灌溉。玉米灌溉要掌握以下原则。

（1）适量灌水。根据土壤的含水量和玉米的生长情况来确定灌水量，避免过度灌溉导致土壤过湿。

（2）分时灌水。根据玉米的生长情况和天气情况来确定灌水的时间，避免过度灌溉导致土壤过湿。

（3）均匀灌水。要保证水分均匀地分布在土壤中，以保证玉米的生长需要。如果灌水不均匀，就会导致土壤中的水分分布不均，从而影响玉米的生长和产量。

（4）灌水与施肥相结合。灌水与施肥相结合是指在灌溉过程中要同时施肥，以提高玉米的产量和品质。施肥可以增加土壤肥力，从而促进玉米的生长发育。

44. 种植玉米浇水应注意什么？

（1）中午不能浇水。正午气温特别高，此时如果给玉米浇水，冷热对比大，导致玉米根系吸水能力降低。

（2）最好用河水喷灌。根据老百姓的实践经验，河水是最好的水源，滴灌玉米的最大效益是节水且均匀，可以随时放水，成本不高。

（3）施肥要和浇水相结合。干旱对玉米的生长和后期产量有很大的影响，为了有效保证玉米的高产稳产，必须做好浇水管理，但只有当玉米地缺水时才需要浇水，如果土壤潮湿，注意不要浇水。

45. 有机肥是什么肥料？

有机肥是指以动物的排泄物或动植物残体等有机质丰富的资源为主要原料，经过发酵腐熟后制作而成的肥料。有机肥一般包括人粪尿、厩肥、堆肥、绿肥、饼肥、沼气肥等，其中所含的营养元素多呈有机状态，作物难以直接利用。有机肥是一种可以改善土壤的肥料，能促进农作物高产稳产，保持农业生态良性循环，有机肥是植物养分仓库，保肥能力强，能激活土壤潜在养分，改良和培育肥沃的土壤。

有机肥具有种类多、来源广、肥效较长等特点，有机肥经过微生物的作用，缓慢释放出多种营养元素，源源不断地将养分供给作物，能改善土壤结构，提高土壤肥力和土地生产力。

46. 生物有机肥可以用作追肥吗？

可以。追肥是在作物生长期间，为及时补充作物生长发育过程中对养分的阶段性需求而采用的施肥方法。追肥能促进作物生长发育，提高作物产量和品质。生物有机肥追肥的方法有土壤深施和根外追肥两种。土壤深施是将生物有机肥施在根系密集层附近，然后覆土，以免造成挥发损失。根外追肥是将生物有机肥与 10 倍的水混合均匀，静置后取其上清液，借助喷雾器将肥料均匀喷洒在植物表面。

47. 生物有机肥用量是不是越多越好？

使用生物有机肥能够改良土壤结构，为作物和土壤微生物生长提供良好的营养和环境条件。土壤中施入较多的生物有机肥，虽然不会出现未熟腐的有机肥那样的烧根烧苗现象，但并不是使用越多就越好。这是因为农作物产量的高低与土壤中养分含量最低的一种养分相关。土壤中的某种营养元素缺乏，即使其他养分再多，农作物的产量也不会再增加。只有向土壤中补施缺少的最少养分后，农作物产量才会增加。另外，当施肥量超过最高产量的施肥量时，作物的产量不再随施肥量的增加而增加。生产成本增加而收益却减少，在经济上也不合算。因此，不可盲目大量使用生物有机肥，应根据不同作物的需要和土壤养分状况，科学地确定施肥量，才能达到增产增效的目的。

48. 为什么有机肥需要腐熟才能施用？

有机肥的养分形态大多数是迟效的，作物不能直接利用，经过充分腐熟有利于肥料较快地发挥肥效；有机肥经过充分腐熟，可以防止因发酵过程中释放热量和产生氨气烧伤幼根，还可以防止病菌、病毒、虫卵等有害生物进入土壤，污染环境；有机肥经过充分腐熟，可以杀死部分虫卵及病菌，减少病虫为害。

49. 什么是作物平衡施肥？方法有哪些？

平衡施肥是在以有机肥料为基础的条件下，根据作物需肥规律、土壤供肥性能与肥料效应，在生产前提出氮、磷、钾及微量元素的施用比例。平衡施肥技术的原理是以实现作物目标产量所需要养分量与土壤供应养分量差额作为施肥依据，以达到养分收支平衡的目的。

平衡施肥有三种基本方法，即养分丰缺指标法、肥料效应函数法和测土配方—养分平衡法。第一种方法的优点是直感性强，确定肥量快捷方便，缺点是施肥量精确度差；第二种方法的缺点是需以田间试验为基础，需要耗费较多的人力、资金和时间，且难度较大，不易掌握。大量的实际应用证明，测土配方—养分平衡法是一项较为适用的技术。

50. 平衡施肥的原则是什么？

平衡施肥的原则：重施有机肥，有机肥与化肥相结合，深施覆土，集中施用，肥水结合。在上述原则的指导下，平衡施肥技术主要包括六个方面的内容。

（1）增施有机肥，培肥地力。有机肥又称完全性肥料，它含有作物生长发育必需的各种营养元素，虽然养分含量较低，但它具有营养全面、肥效持久、养分均衡、种地养地、改良土壤的功效。有机肥必须要充分腐熟后再施，防止烧根、熏苗。一般大田作物每亩施用量不低于 2 500 kg；陆地菜田每亩不低于 500 kg，设施瓜菜每亩掌握在 7 500～10 000 kg。在有机肥不足的情况下，也可选用发酵干鸡粪每亩底施 1 000 kg。

（2）合理确定化肥用量，杜绝过量施肥。确定施肥量一要根据土壤肥力情况，也就是地力情况，缺多少补多少，让作物"吃饱"不浪费；二要根据不同作物需肥量的多少做到"缺啥补啥"，让作物"吃饱吃好"；三要根据产量指标，产量高的品种多施，产量低的适当少施；四要根据肥料的养分含量和当季利用率确定施肥量，养分含量高、当季利用率也高的可以少施，养分含量低、当季利用率也低的适当多施。

（3）调整好各种营养成分的比例，改变盲目施肥的习惯。在施肥时要调整好氮、磷、钾的比例。三元复合肥就很好地解决了这一问题，特别是近年来推广的专用三元素复合肥，里边还含有多种不等量的微量元素，为作物平衡施肥奠定了基础。

（4）合理确定底肥、追肥的比例，注意分期控氮。磷肥要以底施为主，氮、钾肥底施要根据不同作物的需要而定。春玉米底肥要少，分次追肥；夏玉米底肥要足，结合喇叭口期追肥。

（5）根据作物的需肥规律确定施肥量。如花生苗期需要氮、磷、钾的量相当小，到了开花下针期由于营养生长和生殖生长同时进行，需肥量明显增大，这一时期占全生育期需肥总量的50%以上。再如芹菜吸收氮、磷、钾的比例为1：0.5：1.4，钾肥充足不但使芹菜茎秆粗壮，而且品质、光泽也好。

（6）补充中量元素和微量元素。中、微量元素在作物生长、发育中的作用不可忽视，在满足作物氮、磷、钾需求的前提下，根据不同作物、不同生长期及时补充中微量元素也是确保高产、优质的必要条件。中微量元素可以底施也可以追施，有的喷施效果更好，但一定不要过量。

51. 肥料施用三项基本原则是什么？

科学施肥应掌握三项基本原则。一是有机肥为主，化肥为辅的原则。注重施用优质有机肥，合理施用化肥，有机氮与无机氮比例不低于 1∶1，土地利用与土地耕种相结合。二是平衡施肥原则。根据土壤养分测定结果和作物需肥规律，按平衡施肥要求确定肥料施用量。虽然各地都有相应的标准，但一般不超过以下原则：无机氮的施用上限为 225 kg/hm^2，无机磷肥和钾肥的施用量视土壤肥力而定，以土壤养分平衡为准。三是营养诊断追肥原则。根据作物生长发育的营养特点，以及对土壤和植物营养的诊断，追肥可以及时满足作物的养分需求。

52. 当前肥料施用中有哪些误区？如何提高肥效？

施肥方法不同，不仅影响肥料的利用率，而且还影响着生产的经济效益。在生产中施肥常常存在以下误区。

（1）有机肥晒干。人粪和鸡粪已成为大棚生产蔬菜的主要基肥，但菜农为了施用方便经常将人粪、鸡粪在田间晾晒。这种做法会造成蝇蛆繁殖，氮素挥发，损失了肥料的氮素养分。

（2）钙、镁、磷在碱性土壤上作基肥。钙、镁、磷是弱酸性肥料，不溶于水，在弱酸条件下才能逐步转化为水溶性磷酸盐被作物根系吸收，而在碱性土壤上施用，解决不了作物幼苗对磷的迫切需要，易造成生理缺磷。

（3）过磷酸钙地表撒施作追肥。磷在土壤中移动性小，移动范围在 1～3 cm。所以表施很难传送到作物根际，因而起不到补充磷元素的作用。

（4）尿素撒施后立即浇水。尿素是酰胺态氮肥，易溶于水，施入土壤要经过分解才能转变为碳酸氢铵，被作物吸收利用，表施后立即浇水，易使尿素随水流失，降低肥效。

（5）碳酸氢铵随水流施。此种方法往往造成进水口肥料多，作物长势不一，难于管理，而午后温度升高，氨气从土壤中逸出，熏伤作物下部叶片，造成肥害。

提高肥效的主要方法如下。

（1）有机肥堆沤腐熟作基肥。将有机肥用破旧塑膜密盖，或用草泥抹严，堆沤 30 d，即成优质有机肥，用作基肥。

（2）过磷酸钙集中施作基肥。在移栽行开 8 cm 深沟，撒入磷肥后覆土 4～5 cm，缩短磷肥与作物根的距离来弥补磷素移动性小的弱点。

（3）尿素早施、深施和根外施。根据作物发育阶段对肥水需求，提前追施、深施，比浅施提高利用率 28%。棚温在 15～20℃时提前 7 d，棚温在 20～25℃时提前 5 d，追施时开 8～10 cm 沟，撒施后严密盖土，对株行距大的作物可采用穴深施。根据棚温隔5～7 d 浇水，使其在土壤中有足够时间充分氨化，以利作物吸收利用。在作物生长期间，可用0.3%的尿素溶液喷洒叶面，每7 d 1次，每亩用溶液100 kg，连续2～3次。

53. 玉米秸秆还田应掌握哪些技术？

（1）及时粉碎。玉米穗收获时或收回秸秆要及时粉碎，粉碎长度不宜超过10 cm，避免秸秆过长造成土壤不实。

（2）增施氮肥。土壤微生物在分解作物秸秆时需要一定的氮素，从而产生与作物幼苗争夺土壤中速效氮素的问题。应适量增施氮肥，以加快秸秆腐烂，使其尽快转化为有效养分。

（3）及时翻耕。玉米秸秆粉碎还田后，要立即旋耕或耙地灭茬，并要进行深耕，耕深要求20～25 cm，通过耕翻、压盖，消除因秸秆还田造成的土壤孔隙过大的问题。

（4）足墒还田。土壤的水分状况成为决定秸秆腐烂分解速度的重要因素，有条件的要及时灌溉。

（5）防治病虫害。及时防治各种病虫害，对玉米钻心虫、丝黑穗病发生严重的地块，不要进行秸秆还田。有病的秸秆应烧毁，或采用高温堆腐后再还田。

54. 如何实现玉米的高效节水灌溉？

（1）改变传统的玉米灌水方法地面灌溉。20世纪80年代后期，推广了一些新的灌水方法，如平畦（沟）灌、波涌灌、长畦分段灌等，节水效果有很大提高。

（2）喷灌和滴灌。喷灌技术具有输水效率高、地形适应性强和改善田间小气候的特点，且能够和喷药、除草等农业技术措施相配合，节水、增产效果良好。对水资源不足、透水性强的地区尤为适用。滴灌是利用滴头，或用其他的微水器将水源直接输送到作物根系，灌水均匀度高，且能够和施肥、施药相结合，是目前节水效率最高的灌溉技术。

（3）应用其他节水灌溉技术。在我国西北干旱、半干旱地区采用膜上灌溉。和一般灌水方法不同的是，膜上灌溉是通过地膜输水，并通过放苗孔入渗到玉米根系。由于地膜水流阻力小，灌水速度快，深层渗漏少；地膜还能减少棵间蒸发，节水效果显著。在新疆和山东、江苏等没有灌溉条件的坡地可采用皿灌。皿灌是利用没有上釉的陶土罐贮水，罐埋在土中，罐口低于田面，通常用带孔口的盖子或塑料膜扎住，以防止罐中水分蒸发。可以向罐中加水，也可以收集降雨。

55. 无灌溉旱田和播种至苗期遇旱，如何实现抗旱保苗促根增产？

（1）选择耐旱品种。选育和推广耐旱品种是提高干旱条件下作物产量的主要途径。

（2）合理施肥。增施有机肥不仅养分全，肥效长，而且改善土壤结构，协调水、肥、气、热，起到以肥调水的作用，因而是提高土壤蓄水保墒能力的有效措施。施肥方法以一次将氮、磷、钾及有机肥全部施入为佳，既有利于保墒，又有利于肥料下渗，诱根下扎，增加作物的耐旱性。

（3）深耕细作，利用雨水保墒。以土蓄水改造坡耕地，进行机耕深翻是利用雨水保墒的重要措施，在实际应用中应坚持早收早犁，保住墒口，深耕细耙，精细整地。

（4）适期早播，培育壮苗。根据作物生长习性，进入适播期后，不等水、不等肥，要抢时、抢墒播种，遇到干旱时，可以采用机械沟播，抢墒播种，实现一播全苗，以充分利用有效积温、光照和底墒，保证作物早生根、形成壮苗，提高耐旱能力。

56. 为什么玉米一次性施肥不能解决全生育期不脱肥的问题？

春玉米的生育期在 120 d 以上，苗期温度较低时生长慢，主要是扎根和长叶，需要的养分量少，需肥高峰来得比较晚。从拔节至抽穗期进入营养生长和生殖生长阶段，需要的养分量最多，大约 50% 的氮素在此阶段吸收，如果养分供应不上会影响果穗大小。在甘肃河西地区，一次性施肥是指在春季，将春玉米整个生育期所需肥料作底肥一次性施入，后期不再追肥。施入的肥料以速效高氮复合肥为主，养分释放速度与玉米需肥规律不同步，造成玉米生长后期养分供应不上，发生脱肥现象。

57. 制种玉米发生盐碱危害怎么补救？

制种玉米发生盐碱危害一般在苗期，由于表土的次生盐碱化引起。当玉米开始拔节后，根系扎入土壤深层，地表盐碱对其的伤害就减小了。苗期发生盐碱危害时，尽快喷施 15 μmol/L ABA（脱落酸）、50 mg/L SA（水杨酸）、一定浓度的腐植酸，或者用上述几种物质浸种后播种，有利于缓解盐碱危害。

58. 什么是制种玉米水肥一体化技术？

玉米水肥一体化技术是在智能灌溉系统的支持下，依靠田间滴灌系统、泵房、压力罐、施肥罐、混液罐，按照作物的需水和需肥规律自动混合肥料，并通过滴灌系统输送到玉米根系周围的技术。

（1）水源。水源必须清洁，无杂质。否则会堵塞管道。最好是井水或河水。河水在放入混液池时，必须经过过滤。

（2）施肥罐。根据玉米的需肥规律，将玉米生长必需的各种大量及微量元素分别装入不同的施肥罐，通过控制管道联通混液罐。

（3）混液罐。根据玉米不同发育阶段对肥料的需求量，在电脑系统的控制下按比例自动将各种肥料从各施肥罐吸入混合罐，并用搅拌器搅拌均匀。

（4）压力泵和施肥管道。电脑控制混液罐内肥料进入压力泵管道的流速，并以一定的压力将水肥混合液输送到滴灌带和滴头。

（5）滴灌系统。包括滴头和滴灌带，各级阀门。主要负责将水或水肥混合物输送到玉米植株根系周围，只浇灌玉米根系，可以大大节约水和肥料。

（6）智能控制系统。包括电脑、控制系统、控制器等。主要根据计算机指令，自动按玉米不同生育期的需肥规律吸取施肥罐内的不同肥料，按比例在混液罐内混匀，并控制混合溶液流速，均匀进入压力泵和水充分混合，以保证输送到玉米根系周围的肥料溶液浓度不变。

59. 土壤质地与施肥间的关系是什么？

（1）砂质壤土。砂质壤土施肥应少量多次，不可以一次大量使用，否则造成浪费和对环境污染。

（2）质地较细土壤。黏土矿物多，土壤有机质含量高，其供肥能力和保肥能力都较强，即使一次性施入过多肥料，也不会造成养分大量流失，因此，生长前期要特别注意，以免引起植株徒长和生育期延迟现象。

（3）质地较差土壤。由于土壤中有机质含量较低，因此保肥能力也相对较弱，在施肥时，可以通过少量多次施肥方式来满足作物生长发育的需要，而且要注意防止后期出现脱肥现象。

（4）质地黏重土壤。通过增施有机质肥料，尤其是纤维含量较多的有机肥，通过改良土壤来提高土壤肥力。

60. 尿素施用的忌讳有哪些？

①忌地表撒施；②忌与碳酸氢铵混用；③忌作种肥；④忌施后马上灌水；⑤忌与碱性肥料混施或同时施用；⑥忌用量过大；⑦忌高浓度叶面喷施；⑧忌施用过迟；⑨忌单一施用。

61. 肥效快就是好肥料吗？

不一定。碳酸氢铵：当天见效，肥效期 15 d；氯化铵：3 d 见效，肥效期 25 d；尿素：7 d 见效，肥效期 45 d；复合肥：10 d 见效，肥效期 90 d；生物肥：一般 1 个月左右见效，效果在生长周期长的作物上还不是很明显，但肥效可持续 6～8 个月；激素类物质：见效快，自身没有太多营养，对增产没有多大实际帮助，有调节植物生长作用。

62. 如何选购微生物菌肥？

（1）从包装上进行鉴别。包装上是否有农业农村部颁发的微生物肥料登记证。生物有机肥是由农业农村部颁发肥料登记证；普通有机肥由各省农业农村厅土肥站进行肥料登记，颁发省级肥料登记证。生物有机肥证号表示方法为"微生物肥（登记年）临字（编号）号"或者"微生物肥（登记年）准字（编号）号"。

（2）检查包装上是否标注有效活菌数（cfu）技术指标。如果包装上没有标注，就是假生物有机肥。因为依据强制性标准规定，必须在包装上标注。

（3）检查包装上的产品生产日期、有效期和保存条件。因为生物有机肥料中特殊功能菌种是活的、有生命的，随着产品保存时间延长，特殊功能菌种的有效活菌数（cfu）会不断减少，超过保质期其效果不再有保证。

（4）看包装上的执行标准。生物有机肥和普通有机肥料产品执行标准不同，生物有机肥为 NY 884—2012、农用微生物菌剂为 GB 20287—2006，而有机肥料为 NY 525—2021。

（5）选择信誉度好，生产规模大厂家产品。

第四章

制种玉米苗期管理的问题与解析

1. 玉米的根系是什么根系？

玉米的根系为须根系，由胚根和节根组成。节根从茎节上长出，从地下茎节长出的称为地下节根，一般为4~7层，是根系的主要部分；从地上茎节长出的节根又称支持根、气生根，一般为2~3层，主要在玉米生长后期伸入土中，起支撑作用。

2. 春玉米播种越早，长势越好吗？

全国各地玉米种植的时间不一样，许多农民朋友认为，玉米播种越早越好，其实并不是这样。

（1）早播、晚播各有优势。播种过早，遇到低温时玉米正常出苗会受阻，而且容易遭遇冻害；晚播虽然出苗快，但在生长期较短的地区，晚播的玉米容易遭受秋季低温与霜冻的危害，导致玉米籽粒不饱满。此外，盐碱地要适当迟播，以耕作层地温在13~14℃时播种为宜。晚熟品种适合春播，在生长期短的地区要适当早播，不然会影响正常成熟。早、中熟品种适合夏播和秋播。

（2）播种期与玉米产量。每个玉米品种的生长期不一样，一定要结合玉米的品种选择播种期。根据玉米播种季节的不同，春季播种宜适当晚播，夏季播种则可适当早播。以黄淮海地区为例，玉米春播时间以4月中下旬为宜，而套种玉米可在5月中下旬至6月初播种，夏天直播玉米以6月中下旬播种为宜，而且播种时间越早越好。适宜的播种期有利于保证玉米正常生长，从而使玉米获得高产。

3. 如何判断玉米的叶龄？

通常把玉米主茎上展开叶的数目称为叶龄，展开叶以叶片与叶鞘交界处的叶枕露出为准。幼苗第 3 叶的叶枕由第 2 叶的叶鞘中露出来,即为 3 叶展,叶龄便是 3,通常为播种后 2~3 周。此外,判断玉米叶片用"五光六毛"这个方法最为简单,所谓"五光六毛"说的是 5 片叶前叶片是光滑的,而第 6 片叶后,叶片上就开始有茸毛(也就是说第 1 片出现茸毛的叶片,说明玉米开始进入 6 片叶期)。

4. 玉米幼苗期叶子变黄的原因是什么?

(1)幼苗出土后,连续几天处于低温。

(2)播种过深。播种玉米苗时深度过大,出现大量弱苗、黄苗以及病苗。

(3)间苗不及时。玉米出苗后没有及时间苗,幼苗间互相争夺养分等。

(4)水分不足。玉米播种前以及播种后浇水过少。

(5)缺氮、铁、锌、锰、镁等均会造成不同症状的黄叶。

(6)天气影响。玉米在苗期遇到连续阴雨天气会引发苗枯病。

此外,随意加大除草剂用量、农药用药浓度过高、喷雾器互用、使用假冒伪劣除草剂等,都会造成玉米黄苗。

5. 玉米苗变黄了还能恢复吗?

玉米苗变黄,通常是由于环境或生长条件不适宜造成的,如果处理得当,玉米苗是可以恢复生长的。但玉米苗变黄持续时间过长,或措施不当,会影响生长、发育,甚至引起死亡。

6. 玉米苗变黄有何应对措施?

(1)土壤养分不足。缺乏氮、磷、钾等养分会导致玉米苗变黄。此时,可以施用适量的肥料并保持土壤湿润,缓解幼苗变黄。

(2)干旱。干旱是玉米苗变黄的另一个常见原因。在干旱天气下,需要增加灌溉频率或加深灌溉深度,以确保土壤的湿度。

(3)病虫害。病虫害可能导致玉米苗变黄。在这种情况下,可以使用合适的农药进行治疗。

(4)如果幼苗出土后,连续几天低温导致幼苗变黄,应多中耕,提高地温。

(5)正确使用除草剂。

7. 玉米苗变紫是什么原因引起的？

玉米苗变紫的原因有：①气温低；②幼苗较弱，根系吸水能力差；③磷肥供应不足。

8. 玉米为什么会出现白化苗？如何防治？

（1）基因白化苗。基因突变导致缺乏叶绿素不能自主生活，不久即死去。

（2）药害产生白化。个别品种对除草剂耐药性差，除草剂用量过大，或用药错误，受低温影响易造成玉米苗期叶绿素不能形成而出现白化苗。

（3）缺锌产生白化。因土壤中缺锌造成。

防治方法如下。

（1）如果玉米白化苗的发生受遗传基因控制，在选育玉米新品种时必须慎重。

（2）如果是土壤缺锌引起玉米白化苗，可用 1 kg 硫酸锌与 10～15 kg 细土混合均匀，播种时撒在种子旁边，或用硫酸锌 0.75～1 kg/亩，与磷酸二铵或复合肥混合均匀作种肥。也可用锌肥拌种，用 0.04～0.06 kg 锌肥，兑水 1 kg，拌种 10 kg，将种子堆在一起，闷 2～3 h，阴干后播种。

（3）对已出现白化苗的玉米，每亩用 0.2～0.3 kg 硫酸锌兑水 100 kg 喷雾，每隔 7 d 喷 1 次，连喷 2～3 次。

9. 如何防止玉米出现大小苗？

春玉米出苗后，会出现苗大小不一的情况。有时同一块地、同一个品种、同时播种，也会出现玉米苗长得大小不一的现象。玉米出现大小苗，会影响玉米传粉、结实，进而影响产量和纯度，所以，要尽量避免这种情况发生。出现玉米大小苗的原因主要有土壤墒情不匀，播种深浅不一，种子没有分级、破损，间苗、定苗不合适等。应针对不同原因采取相应措施。

（1）选用纯度高，发芽率高的自交系，对种子进行分级，用籽粒饱满、整齐一致的种子播种。

（2）严把整地、播种质量关，实现高标准作业，保证一播全苗、齐苗。

（3）适期播种。若播种时来不及浇底墒水，播后浇"蒙头水"，要求浅灌、灌匀，这是干旱地区保苗的重要措施。

（4）播种后镇压。播后如土壤孔隙大，种子不易吸水，影响玉米全苗、齐苗。播种后镇压，可增加种子与土壤的接触，加强种子对土壤水分的吸收；利于下层土壤水分上升，提高播种层的水分含量，以利于种子出苗。

（5）防治虫、鸟、兽的危害。出苗后要及时防治地下害虫以及鸟、兽的危害，以免造成缺苗。

（6）若发现缺苗断垄等，要及时查苗、补种或移栽。

（7）施种肥时，应做到种、肥分开，严防烧种、烧苗。

（8）播种后出苗前如降水量较大，形成地面板结时，要及时进行浅中耕，划破地表硬壳，可助苗出土。但松土时不要损伤幼芽。

10. 为什么要进行玉米蹲苗？如何蹲苗？

玉米蹲苗有以下好处。

（1）控制植株生长势。可使玉米苗的地上部分生长缓慢，促其生长健壮，缩短节间，抗倒伏。

（2）促进根系发达。可使玉米地下部分的根系发达，深扎于地下；提高植株抗倒伏能力；增强根系活力和吸收养分、水分的能力，抑制营养生长，促进生殖生长。

（3）提高玉米产量。试验表明，玉米进行蹲苗后，一般可增产 7%～12%。

蹲苗的方法如下。

（1）蹲苗时间。一般以玉米出苗后至拔节期进行为佳。

（2）蹲苗方法。通过深中耕、勤中耕，提高土壤的通透性，消除土壤的板结结构，改善土壤的物理性状；散去表墒，保住底墒，促使根系下扎，健壮秧苗，固土牢株。对于土壤肥沃、水肥充足的玉米田，要适当控制浇水，防止苗旺而不壮；对于麦垄点播的玉米，如果土壤干旱，可适当浇水。

（3）注意事项。玉米蹲苗应做到"三蹲三不蹲"：蹲湿不蹲干，蹲肥不蹲瘦，蹲黑不蹲黄。即土壤墒情好、肥力充足、苗色黑绿的地块宜进行蹲苗，反之则不宜进行蹲苗。

11. 玉米苗期遭受雹灾怎么办？

玉米苗期由于尚未拔节，植株生长点靠近地表甚至在地表以下，遭受雹灾后一般不会因为植株生长点受损而导致死亡。因此，玉米苗期在遭受雹灾后要尽快促进幼苗恢复生长。

（1）扶苗。雹灾发生时常有部分幼苗被冰雹或暴雨击倒，有的则被淹没在泥水中，容易造成幼苗窒息死亡。雹灾过后，应及早将倒伏或淹没在水中的幼苗扶起，使其尽快恢复生长。

（2）追施氮肥。雹灾后及时追施速效氮肥，促使幼苗尽快恢复生长。一般每亩可追施尿素 10～15 kg 或碳酸氢铵 25～40 kg，在距离苗 10 cm 左右处开沟施入。

（3）浅中耕散墒。雹灾常常会伴随暴雨，雹灾过后土壤水分过多、过湿，或导致根系缺氧，或由于土壤温度较低而不利于幼苗恢复生长。应及早进行浅中耕松土，增强土壤通透性，促进根系生长和发育。

（4）舒展叶片。对于不能正常展开，新生叶片（心叶）卷曲、展开受阻的叶片，应及时用手将粘连、卷曲的心叶放开，使新生叶片及早进行光合作用。

（5）补种。部分缺苗的地块，可趁墒移苗补栽或点籽补种，以减少缺苗造成的损失。点籽补种的可考虑补种生育期比较短的玉米品种。

12. 玉米冻害的预防措施有哪些？

（1）结合当地天气预报，在降温前浇水追肥，喷施油菜素内酯、磷酸二氢钾等农药混合液来缓解症状等。

（2）熏烟法。在霜冻之夜，在田间熏烟可有效地减轻霜冻灾害。但要注意两点，一是烟火点应适当密些，使烟幕能基本覆盖区域内的制种田；二是点燃时间要适当，应在上风方向，午夜至凌晨 2:00—3:00 点燃，直至日出前仍有烟幕笼罩在地面，这样效果最好。

（3）覆盖法。用草帘、麦草、薄塑料膜、瓦盆将种苗覆盖。苗如果尚小，可采用直接在苗上盖土的方法。

（4）填土法。在种苗上套上纸杯，在种苗边上填充细土，可有效防治霜冻。

13. 玉米发生霜冻害后的补救措施有哪些？

霜冻发生后，应及时调查受害情况，制订对策。仔细观察主茎生长锥是否冻死，若只是上部叶片受到损伤，心叶基本未影响，可以加强田间管理，及时进行中耕松土，提高地温，追施速效肥，加速玉米生长，促进新叶生长。

玉米苗期受冻后，抗逆性有所下降，应根据田间情况，加强病虫的预测预报并及时做好防治工作。对于冻害特别严重，致使玉米全部死亡的田块，要及时改种其他作物。

14. 如何预防玉米春旱？

春旱是指出现在 3—5 月的干旱，主要影响我国各地春播玉米播种、出苗与苗期生长。北方地区，春季气候干燥多风，水分蒸发量大，遇冬春枯水年份，易发生土壤干旱。播种至出苗阶段，表层土壤水分亏缺，种子处于干土层，不能发芽和出苗，播种、出苗期向后推迟，易造成缺苗；出苗的地块干旱、苗势弱。苗期轻度水分胁迫对玉米生长发育影响较小。进入拔节期，植株生长旺盛，受旱玉米的长势明显不好，植株矮小，叶片短窄，植株上部的叶间距小。

如果底墒不足并遇到连续干旱就会造成叶片严重萎蔫，使幼苗生长受到很大影响。此时则需要及时进行适当灌溉并松土保墒，以供给幼苗期植株必要的水分，使其正常生长。此外，针对当地的气候情况，可采用苗期抗旱技术。

（1）因地制宜地采取蓄水保墒耕作技术。以土蓄水是解决旱地玉米需水的重要途径之一。建立以深松深翻为主体，松、耙、压三种措施相结合的土壤耕作制度，改善土壤结构，建立"土壤水库"，增强土壤蓄水保墒能力，提高抵御旱灾能力。冬春降水充沛地区、河滩地、涝洼地等进行秋耕冬耕，能提高土壤蓄水能力，同时灭茬灭草，翌年利用返浆的土壤水分即可保证出苗。干旱春玉米区、山地、丘陵地，秋整地会增加冬春季土壤风蚀，加重旱情危害，加大春播前造墒的灌水量。采取保护性耕作措施，高留茬或整秆留茬，春季秸秆粉碎还田覆盖；深松整地、不翻动土壤；或免耕播种、耕播一次完成的复合作业，可提高抗旱能力。

（2）选择耐旱品种。因地制宜地选用耐旱和丰产性能好的品种，是提高玉米发芽率，确保播后不烂籽、出全苗，提高旱地玉米产量的有效措施。耐旱玉米品种一般具有如下特点：根系发达、生长快、入土深；叶片叶鞘茸毛多、气孔开度小、蒸腾少，在水分亏缺时光合作用下降幅度小；灌浆速度快、时间长、经济系数高，因而产量高。

（3）种子处理。采用干湿循环法处理种子，可有效提高幼苗的抗旱能力。方法是将玉米种子在 20～25℃温水中浸泡两昼夜，捞出后晾干播种。经过抗旱锻炼的种子，根系生长快，幼苗矮健，叶片增宽，含水量较多，具有明显的抗旱增产效果。另外，还可以采用药剂浸种法：用氯化钙 1 kg 兑水 100 L，浸种（或闷种）5 000 kg，5～6 h 后即可播种，对玉米抗旱保苗也有良好的效果。提倡用生物钾肥拌种，每亩用 500 g，兑水 25 mL 溶解均匀后与玉米种子拌匀，稍加阴干后播种，能明显增强抗旱、抗倒伏能力。

（4）地膜覆盖与秸秆覆盖。覆膜栽培可防止水分蒸发、增加地温、提高光能和水肥利用率，具有保墒、保肥、增产、增收、增效等作用。对于正在播种且温度偏低的干旱地区，可直接挖穴抢墒点播，并覆盖地膜保墒，防止土壤水分蒸发。地面覆盖作物秸秆后，使地表处于遮阳状态，可减少地面水分蒸发，抑制杂草，减缓地面雨水因集积而径流的速度，减少地面径流量，增加土壤对雨水的积蓄量。

（5）抗旱播种。根据玉米生长习性，进入适播期后，利用玉米苗期较耐旱的特点，使玉米的需水规律与自然降水基本吻合，可基本满足玉米生长发育对水分的需求。遇到干旱时，可采用以下措施：一是抢墒播种；二是起干种湿、深播浅盖；三是催芽，或催芽坐水种；四是免耕播种；五是坐水播种；六是育苗移栽等。这样可实现一播全苗。其中，育苗移栽比大田种植同生育时段能减少用水 80% 以上，并且可控性强。同时还可实现适期早播，缓解了与前作共生期争水、争光、争肥的矛盾，有利于保全苗、争齐苗、育壮苗。

（6）合理密植与施肥。要依据品种特性、整地状况、播种方式和保苗株数等情况确定播种量。为了保证合理的种植密度，在播种时应留足预备苗，以备补栽。增施有机肥不仅养分全，肥效长，而且可改善土壤结构，协调水、肥、气、热，起到以肥调水的作用；增施磷、钾肥可促进玉米根系生长，提高玉米抗旱能力。氮肥过多或不足都不利于耐旱。玉米根系在土壤中的分布有趋向肥的特性，深施肥可诱使根系下扎，提高抗旱能力。正施肥（施肥于种子正下方）应注意种子（或幼苗）与肥料间距，以免水分亏缺时发生肥害。

（7）抗旱种衣剂和保水抗旱制剂的应用。保水抗旱制剂在旱作玉米上的应用有两类：一类是土壤保水剂，是一种高吸水性树脂，能够吸收和保持自身重量 400～1 000 倍水分，最高者达 5 000 倍。保水剂吸水保水性强而散发慢，可将土壤中多余水分积蓄起来，减少渗漏及蒸发损失。随着玉米生长，再缓慢地将水释放出来，供玉米正常生长需要，起到"土壤水库"的作用。采用玉米拌种、沟施、穴施等方法，提高土壤保墒效果，使种子发芽快、出苗齐、幼苗生长健壮。另一类是叶片蒸腾抑制剂，例如黄腐酸、十六烷醇溶液，喷洒至叶片后可降低水分蒸腾，增强抗旱能力，提高抗旱效果。

（8）加强苗期田间管理。玉米苗期以促根、壮苗为中心，紧促紧管。要勤查苗，早追肥，早治虫（如地老虎、蝼蛄等），早除草，并结合中耕培土促其快缓苗，早发苗，力争在穗分化之前尽快形成较大的营养体。

15. 玉米制种田常用的除草剂有哪些？

玉米田常用的除草剂有莠去津，乙草胺，2,4-D 丁酯，烟嘧磺隆，氯氟吡氧乙酸，硝磺草酮等。玉米苗前除草一般常用的除草剂有莠去津、乙草胺、2,4-D 丁酯等。苗后常用的除草剂有硝磺草酮和烟嘧磺隆等。

16. 玉米田使用除草剂后多久下雨不影响药效？

除草剂分为很多种，每一种除草剂的药效对应不同的时间，总体来说2～8 h后下雨不影响药效。

常用的除草剂对应的时间：

（1）乙草胺，喷药2 h后下雨，不影响药效。

（2）灭草松，喷药8 h后下雨，不影响药效。

（3）草甘膦，喷药6 h后下雨，不影响药效。

（4）烟嘧磺隆，喷药8 h后下雨，不影响药效。

（5）精吡氟禾草灵（精稳杀得），喷药2 h后下雨，不影响药效。

17. 玉米除草剂和杀虫剂能混合使用吗？

（1）玉米除草剂可以和菊酯类杀虫剂（如甲维盐、阿维菌素、高效氯氟氰菊酯等）、常用的烟碱类杀虫剂（如吡虫啉、啶虫脒等）混合使用，但不能和有机磷类杀虫剂（如毒死蜱、辛硫磷、敌敌畏等）混合使用。

（2）喷药时要避开玉米的心叶，防止药液灌心。喷施除草剂之后，如果要使用有机磷类杀虫剂，中间至少要间隔7 d左右，否则容易出现药害。

18. 玉米制种田使用除草剂后，为什么会出现部分父本死亡或部分母本死亡？

不同的自交系，对同一种除草剂的反应不同。同一自交系，对不同除草剂的反应也不同。因此，玉米制种田施用除草剂，一定是对父、母本均安全的除草剂，且技术成熟。同时，使用时一定要掌握最适宜的时期和浓度，否则会发生药害，甚至造成幼苗死亡。

19. 玉米的完全叶和展开叶是一回事吗？

玉米的完全叶和展开叶是两个不同概念。玉米的完全叶包括叶片、叶枕、叶舌、叶耳、叶鞘。而展开叶是指叶片和叶鞘交界处的叶枕露出的叶片。

20. 玉米叶片的可见叶和展开叶，怎么区分？

可见叶是指植株上的某一叶已经长出，肉眼能看到的叶片，但不一定是叶的组成部分都出现；而展开叶是指植株上的叶已经展开，且能准确辨识出叶耳（玉米的展开叶包括叶片、叶耳、叶鞘三个部分）。一般可见叶的数量大于或等于展开叶。

21. 玉米的叶片数与生育期有何关系？

玉米的叶片数与生育期关系紧密，比如玉米除草的最佳时期是 3～5 叶期；控制旺盛生长的适宜时期是 6～10 叶期，大喇叭口期大概是 11～12 片叶，是追肥的适宜时期，可见玉米的叶片数对农田管理有着很重要的作用。

22. 制种玉米苗期在几片叶时喷除草剂效果好？

玉米 3～5 叶期是喷施除草剂的最佳时期，过早喷施，叶片光合作用能力差，分解除草剂的能力弱，造成叶片发生药害；过晚喷施除草剂，玉米在 9 叶期已经进入了生殖生长期，分解除草剂的能力也会显著降低，也容易发生药害。3～5 叶期，是玉米营养生长最快的时期，也是抗除草剂最强的时期，此时期除草效果最好，玉米也最安全。

23. 玉米除草剂使用注意事项是什么？

使用玉米除草剂时，需注意以下事项：一是选择敏感杂草对除草剂最敏感的时间使用。二是混合使用不同种类的除草剂，选择杀草谱不同的药剂；严格按照说明书规则使用，避免药害。三是混用的玉米除草剂用量为常规用量的 1/3 或 2/3。四是喷除草剂时一般要在 16：00 以后进行，一定不能在中午高温时喷药。五是玉米苗使用有机磷农药后，对除草剂会比较敏感，更容易发生药害，所以使用有机磷农药 7 d 后才能使用除草剂，而且喷过有机磷农药的喷雾器不能用于喷除草剂，二者应分开使用。六是配制除草剂时，先用少量水兑匀后再加入喷雾器兑水搅匀。七是用除草剂进行土壤封闭处理的，要在玉米播种后 3 d 内喷药；出苗后茎叶处理的要在玉米 3～5 片叶时进行，如果在玉米 5 片叶以后喷药，就要定向喷雾，把除草剂喷在玉米行间。

24. 选用烟嘧磺隆防除哪些杂草很有效？使用时应注意哪些事项？

玉米地使用烟嘧磺隆可以除掉的杂草有狗尾巴草、鸭跖草、稗草、苍耳、野生的燕麦、反枝苋、本氏蓼、地肤、马齿苋、苘麻、莎草、灰灰草、龙葵等一年生的禾本科杂草、多年生的禾本科杂草和一些阔叶类的杂草。

玉米地使用烟嘧磺隆除掉杂草的喷药时间应该在玉米幼苗长出3～5片叶时进行，一年生的杂草大小为2～4片叶，多年生的杂草长出6片叶之前使用效果最好。一般每亩用70 mL左右4%烟嘧磺隆悬浮剂，兑30 kg水均匀喷雾，喷雾时不能重复，也不能漏掉。如果喷药时玉米已经长出6片以上的叶子就需要定向喷雾，只将药剂喷到玉米行间，不能喷到玉米的心叶上面，喷药时，要在没有风或者风力比较小的时候进行。

25. 乙草胺防除哪些杂草很有效？使用时应注意哪些事项？

使用乙草胺能除掉一年生的禾本科杂草（包括狗尾巴草、马唐草、千金子、牛筋草、稗草、野生的燕麦、看麦娘、画眉草等）和一些种子比较小的阔叶杂草（包括藜、鸭跖草、苋草、红蓼、酸模叶蓼、水蓼、牛繁缕、菟丝子等）。乙草胺对阔叶杂草的防治效果比禾本科杂草相对差一些，对多年生的杂草没有效果。乙草胺除草剂是经过单子叶杂草的胚芽鞘或者双子叶杂草的下胚轴吸收进入杂草体内，吸收后乙草胺向上传导，在杂草体内会阻止蛋白质的合成，从而抑制杂草细胞的生长，导致杂草幼芽、幼根的生长变缓并停止，最终导致杂草死亡。所以，乙草胺的使用要在杂草出苗前进行，会有好的效果，一般是在玉米种子播种后、出苗前来喷施使用，每亩地的用量为150～200 mL。

26. 莠去津防除哪些杂草很有效？如何使用？

使用莠去津可以除掉的杂草主要有马唐草、狗尾巴草、看麦娘草、稗草、灰灰草、莎草、红蓼、酸模叶蓼、三叶草、苦豆子、苦马豆等一年生禾草、一年生阔叶以及十字花科和豆科的杂草。莠去津可以在玉米播种后、出苗前使用，也可以在出苗后使用。在玉米种子播种后、出苗前使用莠去津，一般每亩地使用200 g左右的50%莠去津可湿性粉剂，或者 200 mL 左右的 40% 莠去津悬浮剂，土壤有机质含量高的可以适当增加用药量，有机质含量低的则适当减少用药量，黏土可以适当增加用药量，砂土则适当减少用药量。一般在玉米播种后 1～3 d 用药，兑 30 kg 的水均匀对着地表喷雾。在玉米出苗后使用莠去津，一般在玉米长出 4 片叶时用药，杂草的大小是 2～3 片叶，这个时期用药效果最好。用药量和播种后、出苗前用量是一样的。

27. 玉米地使用除草剂为什么同药不同效？

近年来，人们在玉米田上使用除草剂越来越普遍，然而使用同一种除草剂，有些玉米田使用效果很好，另一些农田使用效果却很差，出现这种现象的原因，除了除草剂产品本身的质量差异外，还受到其他很多外界因素的影响。

（1）喷施除草剂过晚。除草剂一般在玉米 3～5 叶期、杂草 2～3 叶期以前施药，若用药时间过晚，易导致杂草植株过大，用药不足，药效受到严重影响。

（2）施药方法不当。如果在喷施玉米除草剂时仍像喷施其他药剂一样采用前进式，脚印会破坏药液在地表上尚未形成好的药膜，从而导致除草剂药效严重下降。

（3）田间湿度不够。玉米在喷施除草剂时，田间湿度不够，药液接触地表水分立刻蒸发，使药液不能在地表形成药膜，导致药剂不能正常发挥，作用不佳。

（4）用水量过小，药膜覆盖不匀。一般要求每亩用水量至少在 30～40 kg，有的每亩只用 15 kg 水，用水量过小。

（5）施药时间的差异。若在中午喷药，药液蒸发快，影响除草效果。

（6）土质原因。土壤砂质、盐碱地和着过火的土地（草灰呈碱性）对除草效果都有一定的影响。

28. 玉米田除草剂的常见错误使用方法有哪些？

（1）除草剂品种选择不合理。例如，用 2,4-D 丁酯进行玉米田除草，在玉米播后苗前进行土壤处理；玉米苗前选用乙草胺+嗪草酮；玉米苗后使用 2,4-D 丁酯+烟嘧磺隆等；连年使用长残效除草剂莠去津、烟嘧磺隆等都会对下茬作物造成药害。

（2）除草剂使用的时候随意加大施药剂量。以 38% 莠去津悬浮剂为例，其推荐剂量为 200～250 g/亩，一些地方的实际用量达到了推荐剂量的 3～4 倍。

（3）施药时期把握不准确。如果在玉米 2 片叶以前施用 2,4-D 丁酯，会导致玉米叶片变窄、皱缩、卷曲，心叶卷成葱叶状。在玉米 6 片叶以后施用 2,4-D 丁酯，会导致茎部变扁、弯曲，脆而易折，雄穗难以抽出，果穗缺粒。

（4）遭遇不良气候条件。早春气候冷凉，降水量偏大时，用乙草胺在玉米播后苗前进行土壤处理，可导致玉米茎叶扭卷、弯曲、植株矮缩；乙草胺施用时风大，造成雾滴漂移，使作物的局部茎叶受害，呈现触杀型药害。温度高时，2,4-D 丁酯挥发漂移严重，下风向敏感植物受害严重。

29. 玉米施用化学除草剂产生药害的原因有哪些？

在玉米田推广使用化学除草剂，效果显著，但又因部分农户用药不当，致使当季或下茬作物产生药害，造成减产。玉米发生药害的症状多为根部干腐，轻则种子根死亡，重则种子根死后逐渐向上发展到气生根，下部叶片枯死，玉米苗生长瘦弱，有的整株死亡。苗后用药的田块，心叶发黄皱缩，植株矮化，停止生长，有的叶片出现药害枯斑。造成玉米药害的原因主要有以下几个方面。

（1）用药剂量大，兑水量少。50% 乙草胺乳油是用来防治玉米田杂草的主要除草剂，按照使用说明亩用量为 100～150 mL，兑水 50 kg 喷雾，防效可达到 95% 左右。但是农户在使用过程中随意加大用药量，减少兑水量。一般亩用量在 200～400 mL 兑水 20～25 kg 喷雾，个别农户用药量每亩高达 500 mL 以上。

（2）施药后降雨又遇高温。玉米播种后随即使用除草剂，如在播后用药的 2～6 d 内降雨，可使土壤表面的乙草胺随着雨水进行渗透，到达土层内，接触玉米种子根，使种子根受害枯死。雨后若又遇高温烈日，水分蒸发量大，根系因受害吸收水分、养分的能力下降，可造成小苗生长受阻，僵苗不发。

（3）田中使用甲磺隆、氯磺隆及其复配剂。玉米田块土壤如属中性偏碱，甲磺隆、氯磺隆在碱性土壤中很难分解，易对下茬作物产生药害，目前已经禁止使用此类农药。

（4）用药错误。一般应根据作物的种类选用除草剂，才能达到理想的防治效果，否则就会造成药害。有些农户错把 50% 丁草胺乳油当作 50% 乙草胺乳油防治玉米田杂草，有的用高效氟吡禾灵在玉米出苗后防治玉米田杂草，或用氟磺胺草醚防治玉米田阔叶杂草等，均给玉米带来危害。

（5）防治时间不适宜。各种除草剂都有安全的施药时间，例如乙草胺、乙草胺与噻磺隆复配剂（旱锄）只能用于作物播后苗前，不能用于玉米出苗后，在玉米田中使用异丙草·莠（玉丰），既可用于播后苗前，也可用于玉米出苗后，但施药时玉米以 3 叶期之内较为安全，玉米叶龄越大，受药害越重。

（6）农药地域适应性的不同。农药生产厂家对产品的使用，应进行多地、多点的反复试验，确认能够使用再推向市场，特别是除草剂受气候（温度、湿度、光照）影响较大，而我国南北气候悬殊，在不同地区、不同用药时间所产生的效果不一致。

30. 玉米除草剂药害的预防措施有哪些？

（1）根据前茬作物慎选除草剂。小麦田除草禁用甲磺隆、氯磺隆。在使用苯磺隆除草剂时，要严格掌握用药时期和用量。十字花科作物田尽可能选用高效、低毒、低残留且对下茬玉米无毒副作用的除草剂。

（2）认真核查，确保药剂选择和使用剂量无误。施药前认真核对药剂名称、含量、适用作物、防除对象、敏感作物等，针对田间杂草种类选用对玉米安全的除草剂品种。认真阅读除草剂说明书，掌握其使用技术，不随意增加药量，不扩大使用范围。禁止在不完全了解各农药性能情况下自行配制混合药剂进行病虫草害的综合防治。各类除草剂严禁与杀虫剂或杀菌剂混合使用。

（3）药械要检修调整到完好状态。人工手动喷雾器最好选用扇形喷雾嘴，不用锥形喷雾嘴，作业前将喷雾机调整到农艺技术要求的标准状态。

（4）严格掌握施药时间。如选用 2,4-D 丁酯、烟嘧磺隆要在玉米 2～3 叶期进行，过早或过晚均易产生药害。喷药时间一般在 8：00—17：00；风速低于 4 m/s，空气湿度在 65%以上。气温超过 27℃时应当停止喷药。苗后除草在使用触杀性除草剂时，应在喷雾器喷头上加设防护罩，并在无风或微风条件下进行，防止喷溅到玉米植株上伤及玉米。

（5）正确选择喷药时期。在玉米刚露头时、玉米制种田和砂性土壤不宜使用，以免产生药害。玉米田化学除草要选择杀草谱广、持效期适中、不影响后茬作物的除草剂，并且应以苗前土壤处理为主，苗后茎叶处理为辅。播后苗前、雨后施药，或者施药后有 15～20 mm 的降雨最好，所以施药前应密切关注当地天气预报。

（6）严格控制施药量和施药浓度。作业前认真计算每箱药液加药量，严格掌握用药量。多数除草剂的使用剂量随着土壤有机质和黏土粒的含量增加而增加，应根据土壤质地和有机质含量确定用药量。每亩兑水量不应低于 30 L，否则一是施药不均，二是施药浓度高，易产生药害。

（7）提高田间作业质量。喷洒苗前或苗后除草剂，拖拉机行走路线最好与播种、中耕一致。喷洒作业中应注意风向，大风天应停止作业。

（8）相邻地块慎用除草剂。与玉米田相邻的地块在使用除草剂时，一定要根据作物的类别、地理位置、风向、所用除草剂的品种与性能等谨慎用药。非同科作物更应提高警惕性，并选择适宜的用药方式，防止药剂微粒随风扩散到玉米田伤及玉米。

（9）长残效除草剂对后茬作物的影响。生产上因除草剂残留毒害而造成后茬敏感作物受害的现象屡见不鲜。玉米田常用除草剂莠去津的残效期可长达 18 个月，如果后茬种植大豆、小麦及阔叶蔬菜等，极容易造成残留药害。因此，使用莠去津后，下茬不应种植对其敏感的作物。

（10）清洗药具。施药用具在使用前后要认真严格清洗，使用前清洗可防止前次残留药剂对此次用药的影响，使用后清洗能消除下次用药的隐患。特别是在前次用药防治其他类型病虫害或作物田杂草情况下，更应严格清洗，否则易对玉米造成药害，必要时可用2%～3%的苏打水反复浸泡冲洗喷雾器的各个部件后再行使用。

31. 玉米种植怎样使用抗旱保水剂？

使用抗旱保水剂为作物抗旱之需，使用时应施在种植沟穴中根系分布的土壤层中，必须让部分根系接触到抗旱保水剂（可撒施在种植沟穴内与根土拌匀）。施入的抗旱保水剂要覆土掩盖，避免日晒。根据缺水情况应采用湿施法：将抗旱保水剂吸水成凝胶后施用。以下所称的凝胶剂，除注明吸水倍数者外，均以预先吸水200倍为例。

（1）播种时基施。按常规做好土畦。每亩用凝胶剂300～600 kg，均匀施入种植沟10～25 cm的范围内，与沟中土壤混合均匀后，即可播种，然后覆土掩盖抗旱保水剂。如在雨季或潮湿的地块施用，可直接施干品抗旱保水剂，用量为每亩1.5～3 kg。

（2）已种玉米追施。根据玉米植株的大小，在距主茎的一侧10～30 cm处，挖一条一锄宽的平行沟，沟深应露出大部分根须，按亩施300～600 kg的量，将凝胶剂均匀撒入沟内，与根土混合均匀，最后覆盖原土。

（3）拌种直播。对人工挖沟穴的地，如在苗期缺水、生长期不缺水的地域，按抗旱保水剂干品1 kg拌玉米种2～3 kg的量，先将抗旱保水剂投入50～300倍水中，吸成凝胶后，倒入种子拌匀（可再加入总重1～5倍的细土充分拌匀），即可手工播入沟穴中并覆土掩盖；如在整个生长期都缺水的地域，应按抗旱保水剂干品1.5～2 kg拌玉米种2～3 kg进行。

对不挖沟穴必须机播的地，在前述的抗旱保水剂拌种及加土的比例上，可再加几倍的细土，将凝胶和种子拌成易分散的湿润混合物后，对播种机口作适当改动，即可机械播种。

（4）包衣拌种。用吸水300倍的凝胶剂1 kg（仅提高发芽率），加入1～5 kg需浸种的种子中拌匀，根据需要堆闷，若干小时后，即可播种。为解决全程生长用水，必须同时在土畦中每亩沟施抗旱保水剂干品1.5～2 kg。

32. 玉米为什么会长歪？

玉米长歪的原因有很多，可能是由于外力的作用或者生长过程中的一些问题所导致。

（1）风力。强风可能会导致玉米植株弯曲或倾斜，从而使其长歪。

（2）生长环境。如果玉米生长的环境不稳定，例如土壤不均匀、不稳定的施肥或不适宜的灌溉方式等，都可能导致玉米生长不平衡，从而长歪。

（3）生长方式。玉米植株本身也可能存在一些生长异常，例如生长点偏斜、分枝不均匀等，这些因素也会导致玉米长歪。

（4）虫害或病害。某些虫害或病害会影响玉米植株的生长，导致其长歪。

（5）遗传因素。有些品种的玉米本身就存在较高的倾斜性，即使在正常生长环境下也容易长歪。

33. 玉米叶有白斑点是什么原因？

（1）干旱。由于前期干旱，下部叶片失水，造成干枯、死亡。下雨后，还会恢复正常的颜色。

（2）纹枯病。纹枯病会造成多数叶鞘上有斑。

（3）由于土质缺锌等原因，造成玉米白叶。

（4）虫害。尤其是刺吸式口器的昆虫为害造成玉米叶白斑。

（5）药害。杀虫剂浓度大也会导致出现枯斑。

在生产中，应根据具体的原因，采取相对应的措施进行防治。

第五章

制种玉米穗期管理的问题与解析

1. 如何判断玉米的大喇叭口期？

大喇叭口期指全田60%以上的玉米植株上部叶片呈现大喇叭口形。标志通常为玉米的第11片叶展开，上部多片叶展开，像一个大喇叭口一样。玉米的大喇叭口期一般在播后45～50 d出现，此时期要加强施肥和灌水的管理及预防病虫的为害。

2. 怎样准确区分和判断玉米的小喇叭口期和大喇叭口期？

（1）从播种期看，玉米一般在播种出苗后35～40 d进入小喇叭口期；在播种出苗后45～50 d进入大喇叭口期。但要注意玉米早、中、晚熟品种和生长环境不同，玉米生长速度不同，所以玉米进入大、小喇叭口期的时间早晚也会有所不同。

（2）从生长月份看，玉米一般在6月底到7月上旬进入小喇叭口期，7月中下旬到8月初进入大喇叭口期。同样的道理，玉米种植区域不同、气候条件不同、品种特性不同，玉米进入大、小喇叭口期的时间早晚也会有所不同。

（3）从叶片数量上看，一般中晚熟玉米7～10片叶龄期是小喇叭口期（早熟玉米品种时间略早），当玉米苗株上完全伸展开的展开叶总数≥7片、能够清晰可见的可见叶总数≥10片，或者玉米生长到七叶一心时，就进入了小喇叭口期；一般玉米11～14片叶龄期是大喇叭口期（早熟玉米品种时间略早），当玉米苗株上完全伸展开的展开叶总数≥11片、能够清晰可见的可见叶总数≥14片，或者玉米生长到九叶一心时，就进入了大喇叭口期。

3. 玉米大喇叭口期的主攻目标是什么？

玉米大喇叭口期，大量茎叶旺盛生长，茎秆继续拔节长高，植株的面积继续增大，同时会开始分化雌穗小花，雄穗穗轴开始形成、伸长，玉米茎叶生长与穗部发育争夺养分程度加剧，此时的玉米迎来这个生长期内水肥需求的高峰期和结穗、育粒的关键期（这是影响玉米最终产量形成的关键期），所以玉米大喇叭口期管理的重点，必须要大量追肥浇水确保玉米水肥养分供应充足。如果此时玉米追肥跟不上或者土壤缺水，会直接降低玉米结穗率和结实率，造成玉米后期结穗短小和穗粒数量减少，从而导致玉米大幅减产。一般来说，在玉米大喇叭口期时（长出11～12片完全展开的叶子时），需要重施氮肥，促进玉米孕穗结穗成粒。凡是前期底肥施用充足、田间水肥条件适宜、苗株长势正常的玉米，一般每亩追施15～20 kg尿素即可；凡是前期底肥施用不足、田间水肥条件较差、苗株长势不正常的玉米（如叶片发黄发白或发红发紫或苗株矮小、茎秆细弱的玉米），一般每亩追施25～30 kg的高氮型复合肥。同时，长势较差的玉米在根部追肥的同时，结合喷施磷酸二氢钾+螯合锌+四水八硼酸钠，在玉米顶部雄穗吐丝前喷1～2次，有利于玉米结穗和孕粒结实增重，促进后期稳产、高产和增收。

4. 制种玉米的果穗部缺粒与秃尖的原因是什么？

玉米的果穗部缺粒与秃尖是指制种玉米果穗一侧自基部到顶部整行没有籽粒，穗轴向缺粒的一侧弯曲；整个果穗结粒很少，且在果穗上散乱分布；果穗顶部籽粒细小，呈白色或黄色的秃尖，严重的秃尖占果穗一半以上。

玉米的果穗部缺粒与秃尖产生的主要原因如下。

（1）气候。温度超过38℃，雄穗不能开放；气温32～35℃，遇到干旱，空气干燥，花粉寿命变短或失去生活力，同时花丝也易枯萎，因而受精不匀，影响雌穗发育导致。玉米授粉时遇到大风、大雨等也可导致授粉不良，造成秃尖缺粒。

（2）栽培管理不当。密度过高，群体内光照差，植株细高，养分无法满足果穗形成的需要，果穗发育迟缓，吐丝晚，不易得到花粉造成秃顶；土壤贫瘠，肥水失调，影响果穗发育；土壤缺磷，导致孕穗开花时糖代谢紊乱，影响果穗发育；各种病害发生导致果穗部缺粒秃尖。

5. 如何防止玉米果穗秃尖？

玉米果穗秃尖一旦发生，即已无法挽回，故应提前做好预防。

（1）改良土壤，增强土壤保水保肥能力。提倡使用酵素菌沤制的堆肥和深耕、中耕技术，以改善土壤结构，促进玉米生长发育，增强玉米对不良环境的抵抗能力。

（2）合理密植。根据品种的生理特性，采取合理的种植密度。对于中等地力田，每亩应留苗 4 000 株左右，肥力较差田应适当减少株数，肥力较好田应适当增加株数。采用宽窄垄种植技术，以改善田间的通风透光条件。

（3）合理水肥供应。增施有机肥，平衡施用氮、磷、钾肥，防止田间缺磷与缺硼；防止旱、涝灾害，玉米拔节后水分供应要适时、适量，以促进雌、雄穗发育。

（4）重施攻穗肥。玉米追肥应本着前轻、中重、后补的原则。玉米长到 15 片叶左右时，可随浇水亩施尿素 10 kg 或硝酸铵 10～15 kg。在玉米抽穗至灌浆期，每亩用磷酸二氢钾 0.25 kg 和尿素 0.5 kg 兑水 40～50 kg，于下午喷洒于叶面，结合进行根外施肥，可显著减少秃尖。

（5）人工辅助授粉。当遇到不良的气候条件而影响正常授粉时，要采用人工辅助授粉技术。人工授粉应在雄穗散粉末期进行，一般进行 2～3 次即可。时间应在 9：00 露水干时至 11：00 进行。

（6）剪短花柱。玉米雌穗花柱和柱头露出苞叶后，花粉往柱头上授粉，雌花授粉后，花柱和柱头即萎缩。但往往因花柱和柱头不齐，有些花柱得不到花粉就继续生长，致使花柱互相遮盖，影响下面柱头授粉。因此，应将花柱和柱头剪短，只留 1.5～2 cm，使花柱呈馒头状或马蹄状，前短后长。

（7）加强病虫害防治。抽雄前后要注意防治蚜虫。

（8）化学调控。在玉米大喇叭口期全株喷施 0.01 mg/kg 油菜素内酯，或者喷施磷酸二氢钾，均可显著降低玉米的秃尖度。

6. 玉米抽雄吐丝期如何防止高温干旱？

玉米抽雄吐丝期是需水高峰期，也是对缺水反应敏感的时期。为应对旱情及可能出现的夏秋连旱，应以"抗高温、防连旱、促灌浆、保成熟"为重点，科学管田，抗灾减损。

（1）抢旱灌溉，造墒保苗。充分利用抗旱水源和节水滴灌工程，优先保证高产田和缺水临界期田块用水。根据苗情长势和墒情变化，及时采取小水浅浇，维持植株正常灌浆结实。有条件的地方采取滴灌、喷灌、沟灌等灌溉措施及时补水。无条件的地区采用错时垄灌、隔垄交替灌等方法，以减少用水量，降低田间温度，最大限度减轻干旱造成的损失。

（2）追肥促长，壮秆保穗。结合灌溉浇水，及时追施穗粒肥，亩施尿素 10～20 kg，开沟侧深施，避免地表撒施，促进玉米根系下扎，增强养分和水分吸收能力，促壮秆大穗。灌浆后期用高秆喷药机追施叶面肥或植物生长调节剂，用尿素 0.5～0.7 kg/亩，加磷酸二氢钾 0.2 kg，兑水 50～100 kg，降温增湿。

（3）科学管田，减灾降损。浇水1～2 d后要轻铲或浅耕一次，破除土壤板结，减少水分蒸发。对于受旱导致发育延迟的田块，及时进行人工辅助授粉，提高结实率。生长后期通过除杂草、割空秆株、打底叶等措施，提高通风透光能力，减少水分竞争，减轻病害侵染，确保灌浆饱满。对于严重减产或绝收的玉米田块，及时翻种露地蔬菜或饲草作物。对于难以形成籽粒的玉米田块，适时开展青贮，弥补产量损失。

（4）防治病虫。加强监测预警，密切关注玉米螟、黏虫、蚜虫及叶斑病等病虫害发生趋势，适时开展应急防治和统防统治。

7. 玉米为什么要培土，怎样进行？

培土是将行间的土培在根部并形成土垄的田间管理措施，培土可增加表土受光面积，有利于形成气生根，可除草肥田，有利于浇水和排水。

（1）培土时期。最好在小喇叭口至大喇叭口前进行。培土过早，特别是春玉米会因根部土壤温度较低、空气不足，抑制玉米的气生根产生与生长，不利于形成健壮的根系，影响玉米的抗倒伏能力。据研究，玉米有12～14片可见叶时培土比8～9片叶（拔节期）时培土的气生根平均增加6.41条/株，穗粒数增加11.1粒，粒重增加1.1 g，倒伏株数降低20.5%，每亩籽粒产量增加10.6 kg。

（2）培土方法。一般有人工培土和机械培土两种。当地块较小，不利于机械作业时，可用锄头、铁锨人工培土，也可用两边翻上的培土犁，由牲畜牵引进行。大块地可用拖拉机牵引多个耘锄培土。作业时速度不宜太快，以免压苗、伤苗，影响作业质量。另外，如用拖拉机，由于受拖拉机底盘高度的限制，培土时间不宜过晚，以防伤苗。

（3）不宜培土的情形。培土能够增产，但旱地或无灌溉条件的丘陵地区不宜强制培土，因为在这些地区培土会增加土壤受光面积，提高地温，增加土壤水分蒸发，对玉米生长不利。此外，黏壤土雨后不宜培土，黏壤土雨后培土会造成空气不足，玉米易感染茎腐病，宜待表土干后再行培土。

8. 玉米多穗产生的原因是什么？

玉米多穗主要指单株多穗，单株多穗分为多节多穗和一节多穗。多节多穗指多个节位上都有果穗形成，更为普遍。一节多穗指在同一节位形成2～5个果穗，且无主穗，又称为"香蕉穗玉米"。其形成的原因如下。

（1）遗传因素。不同品种有不同的多穗发生率。具有多穗特性的品种（系），第一腋芽发育优势不强，第一腋芽以下的腋芽也可能会发育为雌穗。有的品种第一腋芽分化发育优势比较强，能抑制其他果穗发育，就不易形成多穗。反之，第一腋芽发育优势较弱，无法抑制其他果穗生长，就容易形成多穗。更深层次的影响因素是遗传基因。更多的研究表明，多穗性状是由多基因控制的，且以加性效应为主，其遗传和环境影响是数量性状，表现型是质量性状，多穗性状为隐性遗传。所以，不同时间、不同地域的品种必定拥有不同且复杂的基因序列，多穗的表现型也不同，故相应的遗传基础决定了部分玉米植株的多穗性状。

（2）营养物质分配。玉米的营养生长和生殖生长始终都是"源、库、流"相互间作用的过程，玉米的功能叶是果穗发育的源器官，特别是"棒三叶"叶面积最大，功能期最长，且与籽粒形成期同步，具有高光效的内在基础，对雌穗的生长发育及产量形成起着重要作用。果穗是营养物质流动的目的地，即库器官。玉米属短日照作物，具有高效的光合速率，能积累大量的同化物。果穗的发育是不同的库器官对营养物质的竞争过程，最上部的第一腋芽优先获得营养，成为生长中心。一般情况下，第一果穗是从上向下第五至第八节上的腋芽发育，其生长锥开始分化的时间和分化速度较下部的腋芽始终处于领先地位，故发育快的腋芽发育为雌穗，并受精结实。然而，一旦第一果穗生长受到抑制，其他腋芽就会成为生长中心，功能叶的养分依照优先供应生长中心的原则，输送给其他腋芽，发育成多穗；或者第一果穗积累的营养物质过剩，无法消耗更多营养物质，便会促使其他茎节上的腋芽萌动发育，加大了产生多穗的可能性。

（3）激素调控。植物激素是玉米的信息传递物质，对玉米的库器官活性有重要的调控作用，赤霉素（GA）可以促进茎的生长，加速细胞伸长，提高植物体内生长素的含量，在腋芽原基分化过程中，促进幼穗形成。生长素可以促进细胞的分裂与分化，调节植物生长。细胞分裂素（CTK）可以促进芽的分化，也具有打破玉米植株顶端生长优势的作用。当不同库位的植物激素水平或浓度存在差异，不同种类激素间协调代谢或含量异常，使物质的分配和浓度发生变化，第一果穗的营养补给不再具有优势或者同一节位没有优势腋芽，则导致不同库位间竞争加剧，养分向各个方向流动堆积，就可能产生多穗，而往往优势库具有较高含量的赤霉素、生长素、细胞分裂素等。

（4）高温干旱。玉米各个生长发育阶段对温度、水分和光照的要求不同，在其他环境条件适宜时，满足玉米各阶段对温度、水分和光照的需要，才能协调并促进玉米良好发育。玉米大喇叭口期至抽雄期遭遇高温干旱时，会引起玉米的生理灼伤，使养分无法向穗部输送，第一雌穗受精率降低，生长受到抑制，节间产生多穗；高温干旱会使雌穗发育滞后，造成雄穗、雌穗花期不遇，从而形成多穗。

（5）阴雨寡照。散粉期遇到连续阴雨天，俗称"灌花"，影响受精发育，在雌雄穗分化阶段，如遇连续阴雨天气就会影响授粉。雄穗花粉因湿度过大而结成团，导致花粉粒吸水膨胀破裂死亡，即使正常散粉，也会影响雌穗受精，导致玉米第一雌穗不能正常成穗，削弱其穗位优势，营养物质又重新分配到下一个果穗，从而导致多穗发生。

（6）种植密度。通常情况来看，玉米密度越大，多穗率越高。玉米高密度栽培时，田间荫蔽，通风不畅，花粉不易落到雌穗上，难以正常受精结实，会诱发多穗形成。

（7）水肥管理。大水、大肥是玉米形成多穗的原因之一。在玉米生殖生长期间，若水肥过于充足，植株积累过多物质，营养物质必定会分流，激发其他茎节腋芽发育，或者累积于主穗，导致玉米主穗的发育产生抑制效应，就很可能产生多节多穗和一节多穗现象。

（8）病虫害。玉米螟、蚜虫、叶斑病以及粗缩病为害，也会影响玉米果穗的正常发育，造成多穗现象。玉米发生粗缩病、叶斑病、蚜虫等病虫害时，会影响果穗的正常授粉成穗。如玉米感染粗缩病，植物激素平衡破坏，顶端优势受阻，第一雌穗穗位优势削弱，养分只能向其他叶腋输送，就造成玉米多穗现象。

9. 如何应对玉米产生多穗？

（1）因地制宜选择良种。不同的玉米品种在各地的表现各不相同，因此在生产中要选择通过审定的适合当地种植的品种，特别是曾出现过多节多穗和一节多穗的品种应该谨慎选择。另外，要区分春播和夏播玉米品种的界限，不能越界种植。

（2）适时播种，加强水肥管理。首先要做到适时播种，尽量抢早抢墒播种，做到一次全苗。参照当地气候，使抽雄散粉期错开高温干旱、阴雨寡照等不良天气，同时错开灰飞虱等病虫传毒高峰期，避免感染粗缩病等病害。其次要科学调控水肥，玉米在播种至出苗期，要求田间持水量为70%左右，苗期可采取"蹲苗"措施，促进根系发育，拔节到灌浆期需水占总需水量的50%左右，特别是抽雄1个月内，必须保证田间持水量为70%～80%，如遇干旱应及时灌溉。根据玉米品种的需肥特性、种植方式科学施肥，采用一次性底肥施用技术，即重施底肥，在整地前施用腐熟农家肥1 000～1 500 kg/亩，使用40%玉米专用控释配方肥（N质量分数为24%、P_2O_5质量分数为6%、K_2O质量分数为10%）40 kg/亩，可显著提高玉米单位面积产量、改善品质。轻施穗肥，根据长势适当追施氮肥，达到碳氮代谢及养分运输与积累合理、平衡，防止过量施肥使植株产生多穗。最后，要加强田间观察、管理，出现多穗时，及时去除多余幼穗，保留1～2个果穗，避免养分消耗，造成减产。

（3）合理密植。根据品种株型、适宜密度等特性确定播种量。出苗后要及时间苗、定苗，去除弱苗、病苗、特大苗，留壮苗、匀苗，使田间整齐一致，通风透气，促进光能利用，提高授粉效率，降低多穗现象发生率。

（4）加强田间管理，合理调控水肥。鲜食玉米各生育期对肥料的需求不一样，苗期生长量小，养分吸收少；拔节抽穗期生长量大，养分吸收快，是吸肥的高峰期。因此，应根据玉米的吸肥特性进行科学配方施肥，避免苗期施速效肥过多。一般每亩施用45%三元复合肥50 kg作底肥，幼苗3～4叶时沟施尿素10 kg或碳酸氢铵25 kg，12～13叶时追施穗肥，可施尿素20 kg或碳酸氢铵50 kg。虽然鲜食玉米较耐干旱，但为了促进玉米正常生长发育，在遇到干旱缺水时，仍要及时灌水，特别是玉米抽雄前后的需水敏感期，要求土壤最大持水量达70%～80%，以保证雌、雄穗协调发育，减少多穗现象发生，获得高产稳产高效。

（5）及早掰除多余的雌穗，适时人工辅助授粉。在玉米抽穗吐丝期，若发现多穗株，为避免养分分散和消耗，要及时掰除中、下部的果穗，保留上部1～2穗，以集中养分培育大穗，增加产量。注意掰除小穗时，切勿损伤茎秆和叶片。在开花授粉期进行人工辅助授粉，可有效提高结籽率，减少异常抽穗，增加产量。一般在9：00—10：00，人工用竹竿或者绳子拉动植株上部，增加授粉量。花期如遇严重干旱、大风、长期阴雨等特殊气候，花粉损失大，应异地采集花粉人工授粉。

（6）加强病虫害防治。要加强对叶斑病、灰飞虱、玉米螟、蚜虫的重点防治。用药时严格按照时间、浓度配比规范施用，避免造成药害抑制玉米顶端生长优势从而产生多穗现象。同时，清除田间地头杂草，消灭传染源，提前预防，切断传播途径。

10. 如何管理制种玉米的花粒期？

从雌穗和雄穗长出开始到玉米成熟的时期统称为玉米花粒期。它标志着玉米营养生长的结束和向生殖生长转化的开始，生殖生长是玉米产量形成的最关键时期。花期和籽粒期是玉米生长过程中的关键时期，也是影响玉米产量的重要因素之一。玉米花期和粒期管理的主要目的是保证玉米的正常授粉和受精，促进籽粒灌浆，防止后期叶片过早衰老。因此，管理上要做好以下工作。

（1）巧施攻粒肥。在玉米穗期，如果追肥较早或数量少，会造成植株叶色较淡，有脱肥现象，甚至中、下部叶片发黄时，应及时补施氮素化肥。施肥量为总追肥量的10%～15%，时间不晚于吐丝期。如果土壤肥沃、穗期追肥较多、玉米长势正常、无脱肥现象，则不需再施攻粒肥。

（2）浇灌浆水。抽穗到乳熟期需水较多，适宜的土壤水分可延长叶片功能期，防止早衰，促进籽粒形成和灌浆，干旱时应进行浇水，以增粒、增重。田间有积水时，应及时排水。

（3）做好去雄工作。母本去雄是玉米制种相当重要的工作，去雄质量高，既可提高品种纯度，又是一项简单易行的增产措施，研究表明，每株玉米雄穗可产生1 500万～3 000万个花粉粒。去雄减少了植株营养物质的消耗，为花粉粒提供大量的营养物质，一般可增产4%～14%。同时降低了植株高度，改善了田间通风透光条件，从而提高了光合生产率，使籽粒色正饱满。去雄时，一手握住植株，一手握住雄穗顶端往上拔，要尽量不伤叶片、不折秆。

（4）人工辅助授粉。在玉米散粉期，可能会出现花粉数量不足，可及时进行人工辅助授粉。制种玉米按照父、母本的配比，父本天然传粉即可满足授粉需要，但在干旱、高温或阴雨等不良条件影响下，雄穗产生的花粉生命力低、寿命短、数量少，影响授粉受精和结实。因此，人工辅助授粉作为补救措施，可保证受精良好，减少秃尖、缺粒。

（5）喷施叶面肥。在花期和籽粒期，可喷施叶面肥。如磷酸二氢钾每亩用量为100 g，氨基酸多元微量元素水溶液叶面肥为60 mL，油菜素内酯植物生长调节剂为4～6 g，掺入30 kg水，喷于叶片两侧，每10 d喷1次，连续2～3次，可以预防玉米秃顶，使玉米穗部获得高产。

（6）虫害防治。玉米螟、红蜘蛛和蚜虫都是花粒期的高发病。尤其是玉米螟和红蜘蛛。如果不重视防治工作，可能会使玉米产量减少20%～60%。因此，农民必须重视玉米开花前的虫害防治。

11. 玉米灌浆期外壳干枯原因是什么？怎样预防？

玉米灌浆期外壳干枯主要有四个方面的原因。

（1）水分不足。玉米在灌浆期需要充足的水分来支持籽粒的生长和发育。如果土壤干燥或者缺水，玉米植株无法吸收足够的水分，导致外壳干枯。

（2）高温干燥引起。灌浆期通常是夏季，气温较高，而高温会加速水分蒸发。如果环境温度过高，导致土壤水分迅速蒸发，也会导致外壳干枯。

（3）营养不足。玉米在灌浆期对营养需求较高，特别是钾、磷和氮等营养元素。如果土壤中这些养分缺乏，植株无法正常吸收，导致外壳干枯。

（4）病虫害的影响。某些病虫害会对玉米的生长发育造成影响，从而导致外壳干枯。例如，玉米赤霉病和玉米螟的侵袭都可能导致外壳干枯。

可采取以下措施进行预防。

（1）确保充足的灌溉。在灌浆期，要确保玉米植株每天得到足够的水分供应。根据土壤湿度和气象条件，定期测量土壤湿度并进行适量的灌溉。

（2）注意温度调节。在高温干燥的情况下，可以采取一些措施来调节温度，如覆盖地膜、提供遮阴等，以减少水分蒸发。

（3）合理施肥。在灌浆期，要根据土壤测试结果和植株的需要，适量施加有机肥和化肥，特别是钾、磷和氮等。

12. 玉米为何出现"两性穗"？如何防治？

玉米田间不时看到有的植株雄穗结玉米粒或变成雌穗，而棒子顶部长出雄花，或直接变成雄穗，不能结实的怪象，尤其在鲜食玉米田块较为常见，当地农户称为"两性穗"或"阴阳穗"。玉米"两性穗"原因如下。

（1）玉米虽是雌雄同株，但却是异花授粉作物。通常玉米雄花长在植株的顶端，雌花长在植株中下部的叶腋里。一般早、中、晚熟玉米品种第8、第9、第10片展开时，玉米的雄穗进入小花分化期，通常在雄穗小花原基的基部会分化出3个雄蕊原基，中间1个雌蕊原基。

（2）如果在幼穗分化生长阶段遭遇不良环境或生长条件时，雌雄穗分化受到影响，有的玉米植株雄穗上的雄蕊原基停止伸长或生长进程缓慢，而雌蕊原基则会刺激发育而形成籽粒，若整个雄花的小花都发育成籽粒，就会直接在植株顶部长出玉米棒子来，若只是部分小花发育成籽粒，就形成雄穗上结玉米粒的现象。

诱发玉米"两性穗"的主要因素如下。

（1）品种因素。品种种植时间过长，尤其自留种种植，由于品种退化加之不良环境等影响，会容易引起玉米返祖现象。一般鲜食玉米发生多于普通玉米。

（2）气候因素。在大喇叭口期出现18℃以下低温冷害，3～5 d 38℃左右高温热害，或阴雨寡照天气不良影响，加之品种退化，长势较弱、抗逆性较差品种叠加影响时，容易引起发生。一般春玉米发生多于夏玉米。

（3）栽培管理因素。播种偏早，受到低温的影响。如3—4月播种较早的甜糯玉米，若在玉米大喇叭口期遭遇低温倒春寒影响时，容易引起发生。通常其分蘖较大的植株上发生多于主茎。玉米大喇叭口期前后出现土壤干旱或积水影响，加之品种出现退化等因素叠加影响发生。

（4）病虫为害因素。大喇叭口期前后病虫为害使玉米植株生长发育不良时利于发生，如玉米螟、玉米大斑病、小斑病、弯孢霉叶斑病、褐斑病等在玉米大喇叭口期为害严重时，也会为引发"两性穗"创造有利条件。

玉米"两性穗"防治措施如下。

（1）选用优质杂交种，适期播种。对于杂交玉米种，不能自行留种，宜选购通过审定适宜当地栽培的品种，一般可以有效防止品种退化引起的"两性穗"，春玉米不宜播种偏早，尤其是生育期较短的鲜食玉米等，防止低温倒春寒对幼穗分化影响而诱发"两性穗"。

（2）加强大喇叭口期前后的水肥管理。玉米拔节后，需肥需水量大，要注意保持水肥充足，供应均衡，尤其在早、中、晚熟品种玉米的8、9、10片叶期后要及时追施玉米穗肥，通常玉米高产田块穗肥宜占总追肥量的60%～70%（拔节肥占20%～30%，攻粒肥占10%），并以速效肥为主，如穗肥一般亩施尿素15～20 kg，但是对于土壤肥力偏低，基肥不足，苗期长势不佳的则要多施拔节肥，少施穗肥。田间土壤含水量保持在70%～85%，干旱时要及时浇水，雨多则要及时排水，防止田间水分不适影响幼穗及其小花分化等，进而诱发"两性穗""多胞胎"或"超生"等。

（3）加强病虫害防治。玉米拔节后至抽穗前，要重点防治玉米大斑病、小斑病、弯孢霉叶斑病、叶斑病、褐斑病和玉米螟病虫害。玉米大斑病、小斑病、褐斑病或弯孢霉叶斑病等病害的防治方法详见第七章，玉米螟的防治方法详见第八章。

（4）田间发现"两性穗"，对于雄穗返祖结籽或长玉米棒的情况，不用采取措施；对于雌穗整体变为雄穗情况，宜早发现早清除，一般宜在晴天上午进行人工剪除，既可有效减少田间养分消耗，又利于其他果穗的快速萌发受精结实，大面积发生时及时进行人工辅助授粉效果更好。

13. 玉米穗发芽是什么原因引起的，怎样防止？

玉米穗发芽是指玉米在成熟期遇阴雨或在潮湿条件下，种子在母体果穗或花序上发芽的现象，玉米制种田较常见，收获后晾晒不及时也常出现穗发芽。

（1）发生原因。休眠期短的玉米品种，遇到秋雨多的年份，雨水渗入苞叶，持续时间较长，易出现穗发芽。收获后遇连阴雨不能及时晾晒、堆放过厚又不及时翻动，或放在通风条件差的地方均可发生穗发芽。甜玉米种子脱水慢，如果收获时含水量高，易产生穗发芽。最近的研究表明，脱落酸在植物穗发芽中起重要作用，种子中的赤霉素/脱落酸比例变化是造成穗发芽的重要原因。

（2）防止措施。选用休眠期长和生育期适宜的自交系；建造合理群体、控制氮肥施用量、进行科学灌水、防止倒伏、降低穗部水分；对休眠期短的玉米品种适时收获、及时晾晒，降低温度，减轻危害，也可人工干燥种子；采用药剂防治，多效唑具有抑制内源赤霉素合成而延缓作物生长的功效；采取晚收、站秆扒皮等降低收获期籽粒水分的措施。

14. 为什么把籽粒乳线消失作为玉米适期收获的标准？

研究表明，籽粒成熟的标准与籽粒的灌浆线有关，即籽粒乳线。这条乳线是在籽粒灌浆过程中形成的，它的出现、下移、消失有一个渐进过程。当籽粒灌浆形成淀粉后，首先集中在籽粒顶部，顶部淀粉积累到一定程度变为黄色，与其下部未变色淀粉的白色乳浆形成一条黄白交界线，即为乳线。

玉米花丝授粉后 12～13 d 为籽粒形成阶段，有少量的有机物质进入籽粒中，千粒重为 0.6～1.0 g；当授粉 28～30 d 后，籽粒灌浆达到高峰，这时籽粒乳线明显出现在籽粒中上部，称为乳线形成期，其籽粒含水量下降到 50%～55%，粒重为最大值的 65% 左右；当玉米授粉 40 d 后，乳线下移至籽粒中部，此期为乳线中期，籽粒含水量下降到 40%，粒重为最大值的 90%，进入了蜡熟期，此期是农民习惯收获期；授粉 50～55 d 后，籽粒乳线消失，籽粒含水量为 26%～32%，粒重达到最大值，称为完熟期，即适宜收获期。研究表明，玉米籽粒乳线消失期收获比农民习惯收获期收获（授粉后 40 d 左右）亩增产 67.9 kg，增产 12.8%，籽粒蛋白质和脂肪等均有所增加。

15. 玉米收获前干枯"暴死"是什么原因？如何防治？

北方玉米进入晚熟阶段，临近收获时出现"暴死"现象，这是严重为害玉米的一种病害，称为玉米青枯病。玉米青枯病也叫玉米茎基腐病，是玉米生长中后期发生的整株很快青枯干死的突发性土传真菌病害。发病主要在灌浆期至成熟期，但在乳熟期之前没有明显的发病特征，乳熟期至蜡熟期才是发病的高峰期。春玉米的发病时间主要集中于 8 月，夏玉米的发病时间则在 9 月上中旬。其发病程度主要受不同地区的气候条件以及种植密度等条件的影响，是一种世界性病害，目前遍及全国玉米产区，分布广，危害大，该病病情发展迅速，一般病株率为 10%～20%，严重的为 40%～50%，特别严重的高达 80% 以上，农民称之为"暴死"，对玉米产量影响极大。青枯病一旦发生，全株很快枯死，一般只需 5～8 d，快的只需 2～3 d。

根茎症状：玉米青枯病发病后根和茎基部逐渐变褐色，中间维管束变色，须根和根毛减少，茎基部中空并软化。剖开茎部可看到组织腐烂，维管束呈丝状游离，还有白色或粉红色菌丝，而且茎很容易倒折。

果穗特征：玉米青枯病发生后期，果穗苞叶青干，穗柄柔韧，果穗下垂，不易掰离，籽粒干瘪，千粒重下降，脱粒困难。

叶片症状：主要以青枯和黄枯两种为主。青枯型也称急性型，发病后叶片自下而上迅速枯死，呈灰绿色，水烫状或霜打状。黄枯型也称慢性型，发病后叶片自下而上逐渐黄枯。

防治方法如下。

（1）减少菌源。发病田秸秆不要粉碎还田，可将病株集中烧毁并对土壤进行深翻，减少田间菌源量。

（2）合理密植。按照品种推荐密度播种。

（3）加强田间管理。结合土壤深松和宽窄行播种技术，增强根系活力和田间透风透光水平。雨后要及时排水。

（4）注意平衡施肥。避免偏施氮肥，适当增施钾肥和锌肥可增强玉米抗病能力。

（5）治虫防病。及时防治地下害虫黏虫及玉米螟等可以造成伤口的虫害，减少病原菌侵染玉米的机会。

（6）化学防治。部分地区夏玉米种植密度大且中后期植株已经太高，建议采用植保无人机进行空中防治作业，使用植保无人机时，要选用适宜的杀虫剂、杀菌剂和叶面肥混合喷雾，达到防病、治虫、抗逆、增产"一喷多效"效果，防治时间选择在玉米授粉后。

16. 玉米成熟期分几个阶段？各时期有何特征？

玉米成熟期一般可以分为 3 个阶段，即乳熟期、蜡熟期和完熟期，虽然此时的玉米已经成熟了，但是为了保证玉米的品质，通常也不宜立马进行采收，若是在乳熟期或者蜡熟期采收，便容易导致玉米籽粒发育不充实，甚至会造成减产，一般到玉米籽粒的硬度比较大，且淀粉含量高的完熟期才能够采收。

（1）乳熟期。乳熟期是玉米成熟期的第一个发育阶段，此时的玉米刚过了发育期，而籽粒也刚进入成熟初期，胚乳呈乳白色糊状。通常不宜在乳熟期的时候采收玉米，因为此时玉米粒的含水量比较高且籽粒软嫩（含水量为 50%~70%），再加上植株体内的营养物质依旧需要运输至籽粒中，若此时采收，便会导致玉米籽粒发育不充实、灌浆不饱满，甚至会导致减产。

（2）蜡熟期。蜡熟期是玉米成熟期的第二个发育阶段，虽然此时的玉米籽粒中仍有比较多的水分（含水量为 30%~45%），不过籽粒已经发育得比较饱满，籽粒干重也接近最大值，胚乳呈蜡状，籽粒顶部变硬，玉米果穗苞叶变白。但是蜡熟期也不是采收玉米的最佳时间，若此时采收的话，也有可能会造成减产。

（3）完熟期。进入完熟期之后，植株中下部的叶片会变黄，基部叶片干枯。该阶段玉米籽粒中的含水量已经比较少了（含水量在 30% 左右），而且籽粒硬度比较大，淀粉含量也高，因此是采收玉米的最佳时期。

17. 玉米进入灌浆期的标志是什么？

（1）玉米果穗变长、饱满。当玉米开始进入灌浆期时，它的果穗会开始变长、变胖，逐渐变得饱满，此时可以感觉到玉米重量增加了很多。通过观察，农民可以发现果穗的饱满度越高，玉米的灌浆程度就越高。

（2）叶片开始变黄。当玉米进入灌浆期后，玉米叶片会开始逐渐变黄。随着时间的推移，叶片的颜色将从绿色逐渐变成黄色。这种现象是因为玉米籽粒吸收了叶片中的养分，导致叶片的颜色逐渐变化。

（3）玉米籽粒开始变硬。在玉米进入灌浆期后，玉米籽粒会逐渐变硬，外形也会变得更加圆润饱满。同时，玉米籽粒的含水量也会逐渐降低，颜色会由乳白色逐渐变为黄色。

（4）玉米秆逐渐发黄。当玉米进入灌浆期后，玉米秆会开始发黄。这是因为玉米籽粒逐渐成熟，需要利用玉米秆中的养分来完成生长发育，导致秆变黄。

18. 玉米灌浆期怎样管理，才能籽粒饱满？

玉米在抽雄吐丝授粉后，进入灌浆期，这是玉米非常重要的一个产量形成的关键期，授粉后大约两周之后一直到玉米成熟，需要 7 周左右的时间进行灌浆，在这段时间里，玉米的营养生长基本停滞，主要是生殖生长，玉米籽粒是否饱满，产量高低，这个时期的科学有效管理尤为重要。

在玉米灌浆期一般要做到以下几点：保持玉米植株健壮，促进籽粒迅速灌浆、充分灌浆、达到籽粒饱满，最终获得丰产丰收。

（1）保护玉米叶片、根系，做好肥水管理。玉米进入灌浆期，营养生长基本停滞，玉米正式进入生殖生长阶段。此时叶片制造的营养，根系吸收的养分，主要用来生长玉米籽粒。这一阶段玉米根系吸收营养的能力和叶片制造光合产物的能力也在逐步降低，所以，这一时期特别要注意保护好叶片，避免叶片早衰枯萎；促进根系正常生长，尽力保持根部正常吸收营养的能力。玉米灌浆需要大量的水分，必须保持土壤湿润，不宜过于干旱。在水分适宜的情况下，需要补充肥料，最好使用无人机飞防，喷施 0.5%磷酸二氢钾水溶液+1%尿素水溶液+油菜素内酯 3 000 倍液+氨基酸水溶肥，预防玉米出现早衰。

（2）保护好玉米"三片叶"。玉米叶片是玉米进行光合作用、合成有机质最主要的器官，保护好叶片是合成更多有机质，延长籽粒灌浆时间，并获得高产的前提。一株玉米一般有19～22片叶，在这些叶片中，有3片叶对玉米产量影响最大，是玉米果穗上、中、下叶，也称"棒三叶"。这3片叶不仅比所有的叶片都长，而且宽而厚实，光合作用最强，合成的有机物也最多，输送距离最近，对玉米产量影响也最大。农事操作时应注意保护，防止断裂、损坏。田间如果出现叶斑病、褐斑病、锈病迹象，一定要及时防治，避免叶片出现严重病害，影响光合作用和玉米正常灌浆。

（3）加强田间管理，防止倒伏减产。玉米进入灌浆期，发生较大的风雨灾害也是比较常见的。玉米在1 m高左右时，如果前期的防倒伏工作做得比较好，玉米出现倒伏比较轻，如遇大风出现倒伏会自然站立恢复。若是早期没有喷洒矮秆控旺剂，在后期遇到较大的风雨时可能会出现倒伏，应人工及时扶起、培土、固定，避免玉米倒地不起影响最终产量。中后期倒伏也是限制玉米增产的主要因素。

（4）及时防治病虫害。玉米进入灌浆期，所有的营养几乎都向籽粒输送，抗病虫害的能力不如前期，玉米的叶斑病、锈病，黏虫、玉米螟、蚜虫更容易发生，在病虫害的为害下，叶片过早老化，容易造成玉米早衰，导致籽粒长不好。在玉米花后两周，可叶面喷施药剂进行防治。选择高氯·噻虫嗪1 500倍液+氯虫苯甲酰胺1 000倍液+吡唑·氟环唑1 000倍液+0.5%亚磷酸钾+氨基酸水溶肥，具有防治病虫害、补充营养元素，抗早衰、促灌浆的功效，丰收增产。

19. 玉米发生"空秆"的主要原因？

玉米空秆，又叫"空身"，俗称"公玉米"，是指有秆无穗，或果穗没有籽粒的植株，是玉米生产中常见的现象。玉米发生"空秆"的原因如下。

（1）养分不足。玉米大喇叭口期需要充足的养分，如果养分供应不足或不及时，就无法满足玉米穗分化对养分的需求，从而加大空秆的发生概率。

（2）病苗、弱苗。不管是播种因素，还是病虫为害等因素造成的晚苗、病苗、弱苗，生长后期根本无法超越正常苗的生长，发育不良会抑制生殖生长，也会形成空秆。

（3）病虫为害。玉米大斑病、小斑病会影响穗的发育。灰飞虱也是引起粗缩病的罪魁祸首，更是直接导致玉米植株畸形而不能抽穗或不能正常抽穗。另外，蚜虫也会使玉米不能形成正常雌穗，影响玉米植株的生长。

（4）密度过大。密度过大会影响透光和透风性，也会大大降低光合作用，导致有机物生产减少，秕穗增多，最终造成有穗无实的情况。

（5）营养失调。玉米生长要营养均衡，氮素充足，而磷、钾元素缺失，就会使雌穗营养不足而不能发育成果穗，从而形成空秆。

（6）恶劣天气。玉米拔节孕穗期到开花授粉期如果遇到高温干旱，尤其是拔节到抽穗期过分干旱，会使玉米提前抽雄穗，而雌穗的花期则会延迟，从而导致花期不遇的情况，最终影响正常授粉，形成空秆。

另外，如果遇阴雨寡照天气，会使花粉吸水膨胀破裂，有些花粉更会粘成团而丧失散粉能力，从而无法正常授粉受精，也会形成空秆。缺硼、锌等中微量元素会使玉米植株花器发育受到阻碍，不能正常受精，最终形成空秆。

20. 如何防止玉米空秆？

空秆经常被农民朋友误认为是种子质量问题，其实这是玉米生产中的一种生理病害，采取适当措施可减轻或杜绝这种病害的发生。

（1）提高自交系种子纯度有助于降低空秆。

（2）适时间苗，选留壮苗、匀苗。结合间苗剔除弱小苗，玉米田间管理要突出一个"早"字。在3叶期前开始间苗，间苗3～4次，拔节前定苗，适当晚定苗，定苗时不仅去除病弱、残苗和自交苗，也要拔除长势过旺的个体。对田间缺苗处，不宜采用补栽、移栽的方法。

（3）合理密植。种植密度应因地、因肥、因种而定，以品种类型和地力及水肥管理水平确定留苗密度，不可过稀，也不可过密。要保证玉米植株有良好的通风透光条件，满足玉米"棒三叶"对光照的要求。种植方式最好采用宽窄行（宽行80 cm，窄行40 cm），这种模式田间通风透光性较好，光能利用率较高，有利于光合产物的形成，增加果穗营养，促进果穗分化，从而达到穗多、棒大、丰产的效果。

（4）增施肥料。玉米孕穗阶段是生长发育最旺盛的时期，此期养分供应充足，能减少空秆率，其施肥原则是：当叶龄指数达30%，即5叶期时，施用有机肥，追施磷、钾肥；叶龄指数达30%～35%，即6叶期时，追肥数量占氮肥总量的60%；叶龄指数达60%～70%，即12～13片叶期时，追施余下40%的氮。尤其是土壤肥力低的田块，实行测土配方施肥，重施基肥，追肥应前重后轻，有机肥和化肥相结合，氮、磷、钾配合，还应适当施微肥，每亩施硫酸锌0.5～1 kg。在天气干旱或出现缺肥症状时，应及时浇水，追施尿素、磷酸二铵等。

（5）合理灌水。苗期控制浇水，拔节后适时适量灌水等。玉米抽雄前15 d左右对水敏感，此时若土壤含水量低于田间最大持水量的80%，遇高温干旱天气应立即浇水，满足雌、雄穗对水分的需要，以促进果穗发育，缩短雄、雌花的间隔，利于正常授粉受精，降低空秆率。遇阴雨连绵天气要及时排涝，并进行人工授粉。

（6）加强玉米生育期内的管理。玉米苗期加强管理，控大苗，促小苗，消灭三类苗，使玉米群体生长健壮、整齐。玉米生长前期（玉米苗 6～10 叶期）注意蹲苗，做好玉米生长前期化控处理，降低株高，提高玉米植株抗倒伏性。做好中耕除草。

（7）及时防治病虫害。在玉米中后期要及时做好大斑病、小斑病、纹枯病、玉米螟、蚜虫等病虫害的综合防治。详见第七章和第八章。

（8）人工辅助授粉。详见第六章。

21. 玉米花粒是什么原因引起的？

（1）温、湿度不适宜。在抽雄、授粉期，当温度 32～35℃、空气湿度接近 30%、土壤相对含水量低于 70% 时，开花持续时期变短，雄穗花粉迅速干瘪而丧失生命力，雌穗吐丝延迟，导致雌雄花期不遇而造成花粒。当遇到持续高于 38℃ 的高温天气时，玉米花粉死亡，花丝丧失受精能力，无法完成受精过程而出现花粒。

（2）不良气候。大喇叭口期至抽穗前，是玉米需肥量最大的时期。若遇天气干旱，会影响雄穗的正常开花和雌穗花丝的抽出，造成抽雄提前和吐丝延迟，花粉的生命力弱，花丝容易枯萎，造成授粉结实不良。

（3）药害。由于药害造成玉米植株生长受阻，影响正常的发育，植株变形或果穗畸形，导致结实差。

（4）虫害。玉米开花授粉期间遭遇虫害，如双斑银叶甲、毛毛虫等咬食花丝，影响授粉受精，常导致果穗部呈花粒。

（5）栽培问题。栽培密度过大，导致郁蔽遮阴严重，光照不良，通风透光不良，光合效率降低，影响雌穗花丝发育，导致玉米授粉不良。

22. 玉米的花粒现象如何预防？

（1）选择合适的播种时间。关注中长期天气预报，并结合品种的生育期，选择合适的播种时间，使玉米抽雄授粉期避开 35℃ 以上的高温，并适当降低密度，可促进个体健壮发育和减轻高温热害。

（2）适时灌溉。开花授粉遇高温干旱，应及时灌溉，以提高田间湿度，相对降低田间温度，以利授粉受精，提高结实率。

（3）人工辅助授粉。遇自身花期不遇品种或南种北引出现花期不遇时，应适时进行人工辅助授粉，以利授粉受精，提高结实能力。

（4）及时防治病虫害。加强玉米病虫害的综合防治工作，提高玉米的抗性，减轻对玉米授粉的影响。

（5）及时追肥。保证田间肥力充足，促进玉米生长发育可减少花粒现象。

23. 玉米的畸形果穗形成的原因主要有哪些？怎样预防？

玉米畸形果穗形成的原因如下。

（1）玉米雌穗在发育过程中受到低温影响，导致性器官发育受阻，果穗畸形。

（2）玉米雄穗长势较强，雌穗长势弱，外界条件不合适，雄穗会对雌穗的生长和发育产生明显的抑制作用。

（3）在雌穗分化阶段，营养吸收不足，光合面积小，有机物积累较少，导致雌穗发育不良。

（4）玉米生长盛期，矿物质供应过多，营养生长旺盛，导致生殖生长减弱，形成畸形穗。

（5）在玉米喇叭口期至抽穗前，水分供应不足，就会影响雌穗花丝抽出，导致花粉活力较弱，花丝枯萎，无法完成正常的授粉。

（6）玉米在抽雄散粉期间，长时间遭遇阴雨天气，雌穗花丝没有及时得到授粉，出现有穗无籽的情况。

预防方法如下。

（1）选择合适的玉米品种。根据种植地区的气候、土壤、种植习惯，选择适宜的玉米品种，从而选择生育期适中、长势好、紧实、茎秆粗壮、根系发达、抗倒伏、抗逆性强的优良玉米品种。

（2）合理密植。合理密植是玉米高产的技术措施之一，也是防止玉米畸形穗的主要手段。密植的原则是紧凑型玉米品种要密，松散型玉米品种要稀；肥沃的土壤应该是稠密的，贫瘠的土壤应该是稀疏的。

（3）科学调控肥水。玉米是一种需水量大、怕涝的作物。要根据其不同生长阶段对肥水的需求，科学调控肥水。施肥要以充足的基肥和精细的追肥为基础。在治水上，要坚持"前期防涝，中后期抗旱"的原则，合理治水，注重防涝。

（4）虫害控制。玉米苗期虫害主要防治地下害虫如蓟马、黏虫、红蜘蛛，防治方法详见第八章。

（5）病害防治。玉米苗期病害主要是粗缩病。用普施灵或吡虫啉和病毒 A 混合后用水喷雾进行防治，同时在田间除草。玉米中后期主要病害有黑穗病、大小叶斑病。防治方法详见第七章。

24. 玉米果穗弯曲是什么原因造成的？

玉米穗弯曲呈牛角状，籽粒少，其原因主要是由玉米缺锌引起。在幼穗形成期间，受虫害的影响，使玉米穗的一侧生长速率减缓而形成。解决玉米穗弯曲的办法是加强田间肥水管理，并做好病虫害防治工作。

25. 玉米出穗不齐的原因是什么？

（1）地力不均衡，施肥不均衡，导致玉米出穗不齐。

（2）品种可能不纯，杂株较多。

（3）种子发芽势低，出苗不齐。

（4）播种质量不高，导致出苗不齐。

（5）病虫害导致。

26. 玉米生长分哪些重要阶段，主攻目标是什么？

玉米生长的三个重要阶段，分别是幼苗阶段、孕穗阶段和灌浆阶段。

（1）幼苗阶段。主攻目标：建立一个整齐均匀的高光效群体结构。

玉米高光效群体结构，指一定生态环境条件下，群体之间个体竞争尽可能小，共同利用光、温、水、气和养分。群体密度适宜，整齐度高，以及有良好的空间结构，个体所处生长发育条件比较理想，从而有效地提高光能使用率。

建立玉米高光效群体结构需从幼苗阶段抓起。全苗是密植的基础，整齐度是增产的关键。玉米和水稻、小麦不同，它不分蘖，依靠单株大穗夺取高产。在密植条件下单株对外界环境条件的竞争不断激化，在群体中单株生育强弱、植株高低、果穗大小等性状显著分化。据研究，玉米幼苗整齐度与产量呈显著正相关。因此，建议选用优质品种，抓好播种质量，实现一播全苗。

（2）孕穗阶段。主攻目标：调控群体沿着生育轨道发展。

建立高光效群体结构，为增强玉米群体冠层光合作用奠定了基础；但还必须通过人工调控措施，确保玉米发育按自身规律沿生育轨道发展，即玉米生育进程符合高产规律的要求，利用环境条件并发挥技术措施的效果。

玉米在孕穗阶段植株干重急剧增长，叶片迅速展现，叶面积指数在抽雄穗时达到最大值，是玉米营养生长和生殖生长并进时期，植株的干物质积累数量也很高，其中大约 90%用于营养器官建成，10%用于生殖器官形成和分化，是玉米田间管理的关键时期。通过运筹肥水措施，控制群体沿生育轨道发展，即植株叶片迅速封行，叶面积指数稳定达到最大值，并能相对稳定地延续较长时间，确保植株健壮，穗大粒多，增强绿色叶片的光合作用，为后期籽粒灌浆奠定基础。

（3）灌浆阶段。主攻目标：尽可能地延长玉米叶片有效功能期，增加籽粒重量。

玉米灌浆阶段正是需肥的高峰期。据研究，春玉米幼苗阶段生产干物质仅占总干物质重量的1%左右，孕穗阶段约占60%，灌浆阶段约占40%。这是因为：第一，玉米灌浆阶段群体叶面积正处在从高峰日渐下降阶段，可以有效地获取光能；第二，灌浆阶段是玉米需肥多的时期；第三，此时玉米的生长中心是果穗，"库"需要"源"的有机物质供应，叶片的光合产物主要运往籽粒。

据研究，玉米籽粒产量90%以上来自抽雄至成熟阶段绿色叶片的光合产物。过去认为，随着玉米籽粒逐渐成熟，叶面积指数迅速下降是正常的发展趋势，现在则认识到是农业技术不完善的结果。因此，要加强田间管理，保证肥水供应，保持青枝绿叶，活秧成熟。

第六章

制种玉米种子繁育技术的问题与分析

1. 我国玉米在粮食作物中的地位如何?

玉米在我国的种植面积和产量均仅次于水稻,是我国第二大作物。其中,种植面积约占粮食作物总种植面积的 28%,总产量约占粮食作物总产量的 29%。玉米是我国重要的粮食作物和饲料作物,为我国畜牧业、养殖业提供了重要的饲料来源。同时,玉米也是食品加工、生物能源、工业加工等产业重要的原料。

2. 我国玉米的主要生产区有哪些?

我国玉米的主要生产区有六大区域,分别是北方春播玉米区,黄淮海平原夏播玉米区,西南山地玉米区,南方丘陵玉米区,西北灌溉玉米区,青藏高原玉米区。

(1) 北方春播玉米区。包括黑龙江、吉林、辽宁、宁夏和内蒙古的全部,山西的大部,河北、陕西和甘肃的一部分,玉米播种面积占全国玉米面积的 30%。

(2) 黄淮海平原夏播玉米区。包括山东与河南全部,河北、山西中南部,陕西中部,江苏、安徽北部,一年两熟,水浇地与旱地并重,占全国玉米面积的 40%。

(3) 西南山地玉米区。包括四川、云南、贵州全部,湖南与陕西南部及广西西部丘陵地,一年一熟、二熟、三熟并存,水旱田交错,占全国玉米面积的 20%。

(4) 南方丘陵玉米区。包括广东、江西、福建、浙江、上海、台湾、海南全部,广西、湖南、湖北东部及江苏、安徽南部,水田旱地并举,一年三熟,玉米有春、秋、冬播,占全国玉米面积的 5%。

(5) 西北灌溉玉米区。包括新疆全部和甘肃河西走廊,一年一熟或二熟,水浇地为主,占全国玉米面积的 4%。

(6) 青藏高原玉米区。包括青海、西藏全部,一年一熟,旱地春播单作,占全国玉米面积的 1%。

总体来说，北方春播玉米区、黄淮海平原夏播玉米区、西南山地玉米区是我国三大玉米主产区。农业农村部将北方春播玉米区和黄淮海平原夏播玉米区列入我国玉米生产优势产业带。

3. 玉米的发育分为几个阶段？每个阶段的主要管理措施是什么？

玉米生长分为营养生长和生殖生长两大时期。其中，营养生长分为 8 个时期，生殖生长分为 6 个时期，共 14 个时期。

（1）出苗期。当胚芽鞘出现在土壤表面之上时，即为出苗。种子吸收水（约为其重量的 30%）和氧气用于发芽。根据土壤湿度和温度条件，胚根迅速从籽粒尖端附近露出。胚芽鞘从籽粒具胚一侧长出，并通过中胚轴伸长被推向土壤表面。当包裹胚芽叶的中胚轴结构接近土壤表面时，胚芽叶便打开。

管理措施：理想的土壤温度（10～12.8℃）和湿度促进快速出苗（5～7 d）。最佳播种深度为 2.5～5.0 cm。合适的播种深度对于出苗至关重要。寒冷、干燥和深播可能会延迟几天出苗。

（2）1 叶期。1 片叶的叶枕可见。玉米的第 1 片叶具有圆形尖端。从这一时间点到开花（R1 吐丝期），叶期均由最上面的具有可见叶枕的叶片定义。5 叶期后期之前，生长点一直位于地表以下。

管理措施：留意出苗（如株行距、种植密度是否达标，出苗率、苗的整齐程度等），防除杂草、昆虫、病害和其他生产问题。

（3）2 叶期。节生根开始出现在地下。种子根开始衰老。除非天气极冷或玉米种得浅，否则霜冻不太可能对于玉米幼苗造成冻害。

（4）4 叶期。节生根占主导地位，占据了比种子根更多的土壤体积。叶片仍然在顶端分生组织上发育（植物初生生长）。

（5）6 叶期。6 片叶的叶枕可见。在数叶片时应考虑一点：具有圆形尖端的第 1 片叶是逐渐衰老的。生长点出现在土壤表面之上。在 6 叶期和 10 叶期之间的某个时间，决定可能的穗行数（穗周长/穗直径）。潜在的穗行数受遗传和环境的影响，胁迫逆境会降低穗行数。由于茎伸长，株高增加；在植株的最低地下节点形成节生根。

管理措施：注意杂草、昆虫和病害的防治。此阶段玉米植株开始快速吸收养分。定时施肥以满足此时的养分吸收，提高养分利用效率，特别是对于氮等可移动的养分。

（6）10 叶期。主根开始在植株较低的地上节点发育。在此阶段之前，叶片发育速率为每 2～3 d 长出 1 片叶。

管理措施：在此阶段，玉米对养分（K＞N＞P）和水的需求很高。高温、干旱和营养缺乏将会影响潜在的籽粒数和穗的大小。注意根倒伏问题和病害（如锈病、褐斑病）防治。此期杂草控制至关重要，因为早期的玉米不耐水、养分和光照强度竞争。

（7）14叶期。此时期在开花前2周左右，玉米快速生长。对高温和干旱胁迫高度敏感。从这个阶段到雄穗完全长出，将会有4～6片叶展开。

管理措施：此期注意根系倒伏、茎秆倒折（可能发生在10叶期至雄穗完全抽出）和病害防治（常见锈病和褐斑病）。从此时期到开花，可能会形成不正常的玉米雌穗。

（8）抽雄期。形成潜在的行粒数，确定最终的潜在粒数（胚珠数）和潜在的雌穗大小。植株顶部可见雄穗的最后一个分枝。花丝可能出现，也可能不会出现。

管理措施：此阶段玉米对养分（K＞N＞P）和水的需求接近最大值。高温和干旱影响潜在的籽粒数。注意防治虫害（蚜虫、地老虎、玉米螟、黏虫等）和病害（灰斑病、南方锈病和北方叶枯病等）。叶片落叶总量严重影响玉米最终产量。

（9）吐丝期。开花始于花丝长出苞叶。那些附着于接近雌穗基部的潜在籽粒上的花丝率先长出苞叶。花丝保持活性直至授粉。花粉从雄穗落到柱头上，经过花柱与胚珠内的卵细胞受精，受精后受精卵开始发生细胞分裂，并逐渐形成胚。此阶段确定潜在的籽粒数。此时的株高达到最大值。

管理措施：玉米对养分（N和P积累仍在进行，K积累几乎完成）和水的需求量达到顶峰。高温和干旱将影响授粉和最终籽粒数。因冰雹或其他因素（如昆虫）导致的落叶将引起巨大的产量损失。

（10）水泡期。花丝变暗并开始变干（吐丝期之后约12 d）。籽粒呈白色水泡状，含有清澈透明的液体。籽粒含水量约为85%。胚在每个籽粒中发育。细胞分裂完成，籽粒灌浆开始。

管理措施：昆虫对花丝的为害和干旱胁迫将减少最终籽粒数（败育），导致产量降低。所以要注意防治虫害，减少干旱等环境胁迫的危害。

（11）乳熟期。花丝变干（吐丝期之后约20 d）。籽粒是黄色的，当用手指压碎时，可以将乳状液体挤出籽粒。这种液体是淀粉积累作用的结果。

管理措施：干旱胁迫仍会引起从雌穗尖端开始的籽粒败育。此期要注意灌水。

（12）蜡熟期。籽粒内的浆糊状物质具有面团状稠度（吐丝期之后26～30 d）。淀粉和营养物质迅速积累；籽粒含有70%的水分，并开始在顶部凹陷。

管理措施：干旱胁迫可产生未灌浆或灌浆不充分的籽粒和畸形穗（花棒子）。在此阶段发生霜冻对玉米的影响很严重（会造成25%～40%的产量损失）。因此，早霜早的地区不适合完熟品种制种或生产。

（13）凹陷期。大多数籽粒都是凹陷的。随着淀粉含量的增加，籽粒水分下降到约55%（吐丝期之后38～42 d）。

管理措施：干旱胁迫能够减轻籽粒重量。青贮收获时间即将来临（籽粒乳线位置约在50%处）。

（14）成熟期。籽粒基部形成黑层，阻断干物质和养分从植株移动到籽粒（吐丝期之后50～60 d）。籽粒水分含量30%～35%，达到生理成熟。

管理措施：籽粒尚未准备好安全储藏。在此发育阶段之后，霜冻或任何生物和非生物胁迫均不会影响产量。病虫害或冰雹会导致实际产量损失。可以开始收获，但长期储存的推荐水分为13%。注意由于玉米螟为害等造成的田间果穗掉落。

4. 制种玉米什么品种是好品种？

好品种就是受市场欢迎的玉米品种，必须满足以下几点。

（1）矮秆。矮秆品种株高较低，植株抽雄比较容易，抽雄抽净率易于检查，制种农户和制种企业都愿意种植矮秆的杂交组合。

（2）耐密植。耐密植的组合产量较高，能够获得更高的经济效益，制种农户和制种企业都愿意种植。

（3）早熟。早熟组合生育期短，收获期较早，能够有效避免早霜危害，减少早霜造成发芽率下降、种子活力下降等危害。

（4）优质。优质的杂交组合种植后其籽粒一般具有较高的蛋白质含量、较高的含油率、较高的淀粉含量、较高的含糖量等优点。消费者愿意为优质的玉米种子付出更高的价格。

（5）抗性好。包括抗逆性和抗病虫性。抗逆性指玉米品种具有抗盐碱、抗干热风、抗旱、抗寒、耐涝等特性。抗病虫性指玉米品种具有抗蚜虫、红蜘蛛、玉米螟、黏虫、地老虎、蛴螬等虫害为害的特性，以及抗玉米茎基腐病、大小斑病、锈病、丝黑穗病、瘤黑粉病、穗腐病、纹枯病、弯孢霉叶斑病、灰斑病、霜霉病等病害为害的特性。

（6）丰产性好。主要指玉米能有效抵御不良气候和环境的影响，在寒、旱、涝、盐碱、病虫等危害下，仍然有较高产量，稳产性好。

（7）收益高、制种产量高、商品率高。好的玉米品种产量高、品质好，农户和制种企业都能够获得较高的收益，玉米深加工企业的商品转化率高，也能够得到较高的收益。

（8）投入低。好品种一般化肥、农药用量较少，对环境危害小，也节约了成本。同时，好品种用工量少，适宜机械化作业，能够大大降低制种和生产成本。

（9）长势好，适应性强。好品种一般田间长势整齐一致，株型紧凑。其产品的外观也好，具有较大的果穗和较高的千粒重。同时其对环境的适应性强，在不同气候环境下均有较高的产量。

5. 玉米育种的主要目标有哪些？

玉米育种的主要目标包括高产、稳产、优质、生育期适宜、适应机械化。

（1）高产。选育高产玉米首先要亩株数大。使亩株数增加的主要性状就是矮化、株型紧凑、高光效。因此，玉米株高、株型、叶片薄厚、叶绿素含量、经济产量等指标是选育高产玉米的主要表型指标。

玉米产量＝亩株数×株穗数×穗行数×行粒数×百粒重

经济产量＝（光合面积×光合效率×光合时间－呼吸消耗）×经济系数

经济系数（收获指数）＝经济产量/生物学产量

（2）稳产。稳产指玉米品种对环境胁迫、病虫害为害、倒伏等的抗性，以及广泛的适应性。在不良的环境条件下和病虫害为害时，能够保持较高产量的能力。

（3）优质。优质包括产量品质、营养品质和加工品质等。包括出籽率、高油玉米的胚大小及含油率、高赖氨酸玉米的赖氨酸含量、高淀粉玉米的淀粉含量、糯玉米的支链淀粉含量、甜玉米的含糖量、爆裂玉米的角质淀粉含量和膨爆倍数、青贮玉米的生物学产量和蛋白含量等指标。

（4）生育期适宜。生育期必须略小于无霜期，才能保证玉米正常成熟。一般在保证产量的前提下，适当早熟是高产、稳产的重要条件。

（5）适应机械化。玉米适应机械化的品种要求：株型紧凑；茎秆坚硬不倒；生长整齐一致；结实部位适中；成熟一致；苞叶松、脱水快；不脱粒等。

6. 为什么要选育玉米自交系？

玉米是异花授粉的作物，是基因型高度杂合的作物，遗传背景十分复杂，往往有利基因和不利基因连锁在一起遗传。为了打破这种连锁，将更多的有利基因聚集到一起，进行玉米自交系选育。通过自交，等位基因纯合，使得不利基因得以表现；再通过杂交，利用基因重组打破不利基因和有利基因连锁的机会，将后代群体中有利基因互补的极少数个体筛选出来，作为新的自交系，使尽可能多的有利基因聚集到自交系。再选择有利基因互补的自交系作父、母本杂交，杂种优势将不断得到积累。

7. 为什么玉米杂交种有杂种优势？

玉米杂交种产生杂种优势的原因主要包括四个方面。

（1）显性假说。等位基因中，显性基因对玉米有利，隐性基因对玉米不利。显性基因对隐性基因表达具有遮盖作用。杂种 F_1 集中了控制双亲有利性状的显性基因，每个基因都能产生完全显性或部分完全显性效应，由于双亲显性基因的互补作用，从而产生杂种优势。例如，假设有一玉米杂交组合 AABBccdd×aabbCCDD，若 AA（Aa）、BB（Bb）、CC（Cc）、DD（Dd）对性状的贡献值分别是 12、10、8、6，aa、bb、cc、dd 对性状的贡献值分别是 6、5、4、3，则亲本 AABBccdd 的贡献值为 29，亲本 aabbCCDD 的贡献值为 25，F_1 的基因型为 AaBbCcDd，其对性状贡献值为 36。相对于 2 个亲本，F_1 表现出了杂种优势。

（2）超显性假说。等位基因不存在显性、隐性之分，只存在纯合、杂合之分。杂合等位基因比纯合等位基因的贡献值更大。杂种 F_1 由于双亲基因型的异质结合所引起的等位基因间的相互作用而产生杂种优势。例如，假设有一玉米杂交组合 a1a1b1b1c1c1d1d1 × a2a2b2b2c2c2d2d2，若 a1a1、b1b1、c1c1、d1d1 和 a2a2、b2b2、c2c2、d2d2 对性状的贡献值均为 1，a1a2、b1b2、c1c2、d1d2 对性状的贡献值均为 2，则亲本 a1a1b1b1c1c1d1d1 的性状贡献值为 4，亲本 a2a2b2b2c2c2d2d2 的性状贡献值也为 4，而杂种 F_1 的性状贡献值为 8，相对 2 个亲本，F_1 表现出了显著的杂种优势。

（3）染色体组—胞质基因互作模式假说。杂种优势是由于杂种 F_1 中父本的细胞核基因和母本的细胞质基因（包括叶绿体基因和线粒体基因）的互作与互补引起的。例如，小麦族中发现的不同来源核质结合的核质杂种表现出优势的事实支持这一假说。

（4）上位性假说。杂种优势是由于杂种 F_1 中非等位基因的互作产生的，包括加性×加性、加性×显性、显性×显性等互作。

8. 玉米杂交种的杂种优势有哪些？

（1）产量高，增产幅度大。杂交玉米只要组合选择得当，栽培方法适宜，在相同条件下，比普通品种增产 20%～30%，甚至更多。

（2）抗逆性强，适应性广。玉米杂交种具有抗病、抗倒、耐旱、耐瘠、适应性强等优点。

（3）生长健壮，整齐一致。普通玉米品种，同一品种的株高、株型、穗位、抽穗期或果穗的大小、穗型、粒型等总是参差不齐。杂交种则比较整齐，且茎秆粗壮，根系强大,因此不仅能提高单位面积产量,而且稳产。实践证明,推广种植杂交种是一条有效的增产途径。

9. 制种玉米的隔离区相隔多少米才安全?

隔离区是指在一定范围内,只种植同一类群的作物或者在同一时间内只种植同一类群作物的地区。隔离区的设立是为了消除异交和杂交,防止遗传污染,保证种质资源的纯度和完整性。空间隔离的距离国家标准为:普通玉米单交制种 300 m,甜玉米、糯玉米、白玉米杂交制种为 400 m 以上,亲本自交系扩繁为 500 m 以上。

10. 制种玉米隔离方式及要求是什么?

制种玉米通常采用以下 3 种隔离方式。

(1)空间隔离。不同杂交组合间需要种植非玉米、高粱的其他农作物,隔离带宽度国标要求至少 300 m。若是自交系繁殖田,则隔离带宽度要求至少 500 m。

(2)屏障隔离。不同杂交组合间利用村庄、树林等高于玉米的屏障作为隔离带,防止不同组合的花粉串粉。

(3)花期隔离。若没有隔离条件的不同杂交组合相邻种植,可以采用错期播种的方式,两个组合错开开花期,达到花期不遇从而起到隔离的效果。

11. 怎么计算制种玉米土地使用面积?

杂交玉米制种田面积(hm^2)=生产田计划播种面积×1 hm^2生产田用种量/1 hm^2制种田杂种种子预期产量;亲本繁殖田面积和三系配套制种亲本田的面积,按照下式计算:

不育系(父本或母本)繁殖田面积(hm^2)=制种田面积×1 hm^2 制种田不育系(父本或母本)用种量/1 hm^2繁殖田不育系(父本或母本)种子预期产量。

12. 制种玉米父、母本的行比应怎样确定?

确定杂交玉米父、母本行比总的原则是:在保证父本花粉充足的前提下,尽量增加母本的行数,以提高玉米制种产量。杂交制种玉米父、母本行比一般采用 1:5 或 1:6,有的杂交组合可达 1:8,甚至更大。父、母本行比主要受以下几个因素影响。

（1）父、母本的株高。若父本相对母本株高优势明显，则父、母本行比可以大一些；若父、母本株高相差不大，或父本较矮，则父、母本行比应该小一些。

（2）父本花粉量。若父本花粉量较大，则父、母本行比可以大一些；若父本花粉量较小，则父、母本行比应该小一些。

（3）气候影响。玉米盛花期制种区的风较多、较大，或晴天多、雨天少，则父、母本行比可以大一些；风少且小的地区，或玉米盛花期雨较多的地区，则父、母本行比应该小一些。

（4）花期相遇的程度。若父、母本花期相同或相近，花期相遇概率大，则父、母本行比可以大一些；反之，则父、母本行比应该小一些。

13. 影响制种玉米行比的因素是什么？

影响制种玉米行比的因素主要包括品种特性、气候条件、土壤肥力和种植规模等因素。

（1）品种特性。不同玉米品种的生长特性、生育期、抗病性和产量等方面存在差异，因此制种玉米的行比也会因品种而异。一般来说，父本和母本的配合力、开花期和花粉量等因素都会影响行比的选择。

（2）气候条件。气候条件对玉米的制种有着重要影响，特别是花粉传播和授粉时间等因素。如果气候条件不利于花粉传播，可能会导致某些行比不理想，因此需要选择适合当地气候条件的行比。

（3）土壤肥力。土壤肥力对玉米的生长和产量有着重要影响，不同的土壤类型和肥力水平会对行比产生影响。如果土壤肥力不均匀，可能会导致某些行比生长不良，因此需要选择适合当地土壤条件的行比。

（4）种植规模。制种玉米的种植规模也会影响行比的选择。如果种植面积较小，可以将父本和母本的行数适当调整，以适应不同品种和气候条件。如果种植面积较大，需要考虑整体布局和产量等因素，选择适合的行比。

总之，制种玉米行比的选择需要根据实际情况进行综合考虑，以获得最佳的制种效果。

14. 制种玉米的父本为什么要错期播种？

制种玉米父、母本播种时，要调整播期进行错期播种。但错期播种后，也不能保证父、母本能够花期相遇。为了减少气候等因素造成的某一亲本的发育进程延迟或加快，从而导致花期不遇，往往对父本进行分期播种。

父本错期播种一般分为 2 期。若父、母本花期相同，则 1 期父本和母本同期播，播 60%～70%的父本；2 期父本在 1 期父本播种后 3 d 播，播剩余的 30%～40%的父本。一般 1、2 期父本要相间播种，即 1 期播 2 株，2 期播 1 株，相间进行。父本行头要种植大豆等标记作物进行标记。

15. 制种玉米怎么进行错期播种？

制种玉米父、母本错期播种主要看父本和母本从播种至开花的天数。一般母本吐丝比父本散粉早 2～3 d，父、母本花期相遇良好。若父、母本花期不同，则需要错期播种。

（1）父、母本花期相同，或者母本雌穗抽丝比父本雄穗散粉早 2～3 d 时，父、母本可以同期播种；母本雌穗抽丝比父本雄穗散粉晚 2～3 d 时，母本在播种前一天晚上浸种与父本同期播种。

（2）父本雄穗散粉比母本雌穗抽丝晚 3 d 以上时，春播制种区按照父本散粉盛期和母本吐丝盛期相差天数的 2 倍左右来安排错期的天数。例如父本散粉比母本雌穗抽丝晚 3 d，父本应该比母本早播种 7 d。夏播制种区，父、母本花期相差的天数与播种相差的天数一致。

（3）母本雌穗抽丝比父本雄穗散粉晚 4 d 以上时，可以根据母本幼苗的生长指标来确定父本的播期。一般杂交组合的母本吐丝期比父本散粉期晚 4～6 d 时，父本在母本一叶一心至二叶一心时播种，杂交组合的母本吐丝期比父本散粉晚 7 d 左右时，父本在母本三叶一心时播种。

玉米自交系的开花期受到品种的遗传、气候、土壤、降雨等条件的影响。热带品种在北方春季播种生育期会延长。春季倒春寒等低温因素往往导致某些自交系发育迟缓。另外，土壤的盐碱含量、pH 值、疏松程度、降雨的多少等都会影响自交系的发育进程，导致制种玉米花期不遇。因此，错期播种时，也要考虑以上因素的影响。

16. 制种玉米调整播期的原则是什么？

制种玉米调整播期的原则是"宁可母等父，不可父等母"。就是母本比父本发育早一点是可以的，但父本比母本发育早的话，往往会造成花期不遇。原因是母本的花丝寿命一般有 7～9 d，而花粉寿命一般只有 5～6 h，因此，花丝吐出后在 1 周内授粉都可以正常结实。而花粉散粉后 8 h，活力显著下降，24 h 后则完全丧失活力，因此，自然状态下，父本散粉后在 6 h 内授粉，才能不影响其活力。所以，母本可以等父本，但不能让父本等母本。

17. 制种玉米为什么要进行花期预测？

制种玉米进行花期预测的原因主要有以下三点。

（1）保证父、母本花期相遇良好。虽然进行了错期播种，但播种后发育过程中，可能由于气候影响，父、母本对环境适应能力的不同等，会导致父、母本花期不能良好相遇。因此，需要对父、母本花期是否相遇进行预测。

（2）提高授粉结实率。玉米是异花授粉作物，需要不同品种之间进行授粉才能获得高质量的种子。通过花期预测，可以了解父本和母本的开花时间，以及开花顺序和花期持续时间，从而进行合理安排，使父本的花粉能够更好地传授给母本，提高授粉结实率，进而提高玉米种子的产量和质量。

（3）调节养分分配。玉米的养分分配是随着生育进程不断变化的。通过花期预测，可以了解玉米生长的不同阶段，从而更好地调节养分分配。例如，在花期阶段，需要增加氮肥的施用量，而在灌浆结实阶段，则需要增加钾肥的施用量。这些调节需要根据开花时间和生育进程进行具体的决策。

因此，为了提高制种玉米的产量和质量，需要对玉米的花期进行预测，以便更好地掌握玉米的生长情况和生育进程，为制种玉米的种植和管理提供科学依据。

18. 制种玉米花期预测的方法是什么？

制种玉米花期预测的方法主要包括以下几种。

（1）标叶调查法。在制种田里，根据双亲的花叶片数，选择有代表性的父、母本各 3～5 个观察点，每个点各选取 10 株作典型株，父、母本每长 5 片叶，用记号笔或红色油漆标记，然后根据双亲总的叶数预测其发育快慢，观察双亲是否协调。一般来讲，如母本已出现的叶片数比父本多 2 片叶左右，表明双亲相遇良好。

（2）剥叶检查法。在双亲拔节后，选有代表性的植株剥出未出叶片数，根据未出叶片数来测定双亲花期是否相遇。若母本未出叶片比父本未出叶片少 1.5～2.0 片，表明花期相遇良好；如超过 2.0 片或少于 1.5 片，则有可能相遇不好。用该法尤其是在大喇叭口期检查准确度很高。

（3）叶脉余数法。在喇叭口期观察展开叶主叶脉两侧的侧叶脉，若左侧侧叶脉数为 $R1$，右侧侧叶脉数为 $R2$，则该片展开叶为第（$R1+R2$）/2～2 片叶。确定 10 株父、母本最大展开叶的叶位数后，再根据标叶调查法进行花期预测。

（4）雄幼穗分化检查法。拔节孕穗期，在制种田选择有代表性的样点，每点取有代表性的父、母本植株3～5株，剥去叶片，检查雄幼穗大小。如果母本的幼穗分化早于父本一个时期，即预示花期相遇良好，否则就可能不遇。

（5）气象观测法。利用长期气象观测资料，结合气象因子和玉米的生理特性，进行模型拟合，预测玉米的开花期。

19. 如何解决制种玉米花期不遇的问题？

玉米制种田父、母本花期相遇，是确保其丰产增收的关键所在。但由于亲本性状、气候条件、土壤类别等诸多因素的影响，有时造成花期不相遇，直接影响到产量的提高。

（1）调节父、母本花期。通过熟悉自交系特性，确切掌握双亲花期。通过反复试验找出那些母本自身花期不调的品种，确定其在当地的吐丝期比散粉期晚几天，调节花期。若父、母本花期相同且母本自身花期协调，则一般同期播种；若父、母本花期不同，则应先播种花期长的，错期再播花期短的；若母本自身花期不调，就要调整父本播种期。

（2）重视父本的作用。在玉米杂交制种田间管理时，父、母本要同等看待，不能忽视父本，其密度、行距要合理，尤其在错期播种、父本晚播时，更要注意适当加宽父本行距，避免早播的母本发生大苗抑制小苗，使父本发育不良。有些父本两片顶叶紧夹雄穗，散粉困难，要注意及时扒开顶叶，以利散粉。

（3）控快促慢。如果在苗期发现可控花期不遇，则对长势较快的亲本要适当推迟间苗，推迟追肥、灌水，控其长势；对发育较慢的亲本采取早间苗、早追肥、早灌水等办法促其生长。在拔节期后期，如发现花期不遇，就要及时采取措施，对发育较快的亲本进行深中耕，适当减少水肥供应；对长势较慢的亲本要适当加强水肥管理，促其生长。若花期相差不大时，可只对长势较慢的亲本打"肥水针"，即依苗情而定，把水和尿素按一定比例制成混合液，在每株亲本旁边打孔灌肥水或者叶面喷施水肥混合液促其加快生长。

（4）提前抽雄。若接近抽雄时才发现母本发育略晚，则要提前抽雄，可带一两片顶叶抽雄，这样可使母本提前一两天吐丝。

（5）剪母本苞叶。若父本已散粉，母本还未吐丝或母本苞叶偏长，吐丝困难，则要组织人力进行母本剪苞叶。剪苞叶时注意不要伤及雌穗顶部，剪去3 cm左右，可使母本提前两三天吐丝。

（6）去掉母本第一果穗。若父本散粉晚于母本吐丝3～5 d，母本花丝吐出过长且下垂时，就要组织人力进行剪花丝，可留 1.5 cm 左右，以利充分授粉，避免母本半边穗、不结实。若父本散粉晚于母本吐丝 8 d 以上（一般果穗花丝生活力可维持 7 d 左右），母本第二雌穗也出现，在这种不得已的情况下，只好去掉母本第一果穗，促使第二果穗发育，使其结实。

（7）人工辅助授粉。在玉米杂交制种中，划定父本采粉区，做好人工辅助授粉工作，是提高结实率，增加制种产量，预防花期不遇的有效手段。在人工辅助授粉时要注意采用新鲜花粉，授粉时最好在上午 8:00—11:00，雨后天晴要等到雄穗上水珠蒸发后再进行。

20. 优良父本的标准是什么？

（1）父本的花粉量要大。作为制种玉米的父本，大的花粉量能保证有较大的父、母本行比，制种产量才能增加。

（2）父本的株高要高一些。父本株高高于母本，其花粉的散粉区域将增加，制种玉米父、母本行比也可以增加，有利于母本授粉和产量增加。

（3）父本的抗性要强。包括病害、虫害和环境因子的耐受性等方面，这是保障玉米新品种高品质、高抗性和高产量的基础。

（4）父本的品质要好。虽然对于父本品质的具体要求可能因品种和杂交目标有所不同，但一般情况下，选择的父本品质应尽可能接近或优于母本，这样才能保证杂交种子的品质。

（5）父本的配合力要高。配合力是指父本在杂交组合中的配合能力，选择配合力高的父本可以增加杂交组合的成功率和产量。

（6）父本的育性要稳定。父本的育性不稳定，会导致在杂交过程中出现不育植株，从而影响杂交种子的产量和质量。

（7）父本的生育期要适中。生育期适中的父本可以保证在当地的气候条件下正常生长，有利于杂交过程的顺利进行。

21. 优良母本的标准是什么？

（1）整齐一致。整齐一致是选择制种玉米母本的重要标准。母本的生长周期和生育期应相对稳定，这样能够保证在相同的环境条件下，母本与父本的生育期基本一致，有利于提高杂交种子的质量。如吐丝快，吐丝畅，吐丝整齐一致等。

（2）稳产性好。稳产性好是选择制种玉米母本的必要条件。稳产意味着母本在正常种植条件下能够稳定地生产出一定数量的种子。优良的母本应具有较好的耐密植性、高产性和稳定性，以保证制种玉米的产量和品质。如抗病虫能力，抗逆境（抗旱、耐涝、耐瘠薄等）胁迫能力，抗倒伏能力等，能够在不同环境条件下保持稳定的生长态势。可以减少农药和化肥的使用量，降低生产成本，同时提高制种玉米的品质和产量。

（3）适应性广。适应性广是选择制种玉米母本的首要标准。母本应能够适应不同的环境条件和气候变化，在不同的土壤类型和生态区域中都能稳定生长。这样可以提高杂交种子的适应性和产量，从而扩大玉米的种植范围。如抗寒、抗旱、抗干热风、抗涝等。

（4）配合力强。配合力强是选择制种玉米母本的必要条件。母本应具备良好的与父本配合的能力，能够生产出具有优良性状的杂交种子。配合力强的母本可以保证制种玉米的产量、品质和抗逆性等方面的优势。

（5）早熟性好。早熟性好是选择制种玉米母本的必要条件。早熟的母本可以缩短生长周期，提早收获，有利于提高单位面积的产量和产值。同时，早熟的母本还可以避免一些季节性的不良气候影响，如低温、阴雨等，有利于提高制种玉米的质量。

（6）高产优质。高产优质是选择制种玉米母本的最终目标。优良的母本应能够生产出高产、优质、高效的种子。在保证种子质量的前提下，尽可能提高单位面积的产量和产值，为农民和企业创造更大的经济效益。

综上所述，一个理想的制种玉米母本应该具备适应性广、稳产性好、整齐一致、配合力强、抗逆性强、早熟性好和高产优质等优点。在选择和使用母本时，需要考虑其综合性状和特点，结合当地环境和生产条件进行合理的选择和利用。通过不断的试验和筛选，可以找到适合当地生产条件的优良母本，为提高制种玉米的产量和质量打下坚实的基础。

22. 制种玉米与常规玉米的区别是什么？

（1）种植方式不同。制种玉米需要特殊的种植技术和管理措施，生长周期较短。而常规玉米则相对来说生长周期长，无须特殊的种植技术，种植方式也比较简单，管理粗放。

（2）用途不同。两者的主要用途不同，制种玉米主要用于生产玉米种子。而常规玉米则主要用于食用、生产食品、畜牧饲料等方面。

（3）产量不同。制种玉米需要更多的精细管理和人工操作，但产量一般较低。而常规玉米的产量相对较高，能够满足人们日常食用的需求。

（4）田间管理不同。制种玉米需要专业人员的精细管理和操作，主要是为了保证种子的质量，并要设置有一定的隔离区。而常规玉米只要有一定种植经验的农户就可管理，不需设置隔离区，主要追求产量和品质。

23. 如何进行玉米制种田田间检验？

（1）基本情况调查。田间检验前检验员必须掌握所检玉米品种的特征特性，同时应全面了解玉米品种名称、种子类别、基地情况、制种位置、前作情况、亲本纯度和田间管理等情况。

（2）隔离情况检查。播种前，依据制种区域分布图，检查种子田四周隔离情况是否符合玉米制种田生产质量要求的隔离条件。若种子田与花粉污染源的隔离距离达不到要求，必须建议消灭污染源或重新划分隔离区，以使种子田达到合格的隔离距离或淘汰达不到隔离条件的部分田块。

（3）品种真实性检查。待玉米成株后，随机深入田间不同部位检查100株或绕田行走，根据所掌握玉米品种的特征特性，确认田间植株的真实性是否与其相符，若不一致，及时做出报废决定，并强行砍除。

（4）取样检查前，根据品种特性及繁种基地情况，制定详细的取样方案。样区的分布应是随机和广泛的，能覆盖整个繁种区，且要有代表性并符合标准要求；还应充分考虑样区大小、样区数目和样区位置及分布。玉米常规种生产田，样区为行内500株，杂交制种应将父、母本视为不同的"田块"，分别检查计数，其样区为行内100株或相邻两行各50株。一般常规种和杂交制种田样区最低频率为母本2 hm² 以下检查5个样区，3 hm² 检查7个样区，4 hm² 检查10个样区，5～8 hm² 在10个样区的基础上，每公顷递增2个，9～10 hm² 检查20个样区，大于10 hm² 的在20个样区的基础上，每公顷递增2个，对于父本检查样区数目减半。

24. 玉米制种田田间检验时，对检验员有何要求？

田间检验员要熟悉和掌握田间检验及种子生产的程序、方法和标准，对玉米有丰富的知识，熟悉被检品种的特征特性，具备能依据该品种特征特性确认品种真实性、鉴别种子田杂株并使之量化的能力，应每年保持一定的田间检验工作量，处于良好的技能状态。田间检验完成后，检验员应及时填报田间检验报告，并对报告内容负责。

25. 玉米制种田田间检验时，主要检验的项目有哪些？

玉米自交系及常规种生产田主要检查前茬、隔离条件、品种真实性、杂株百分率、种子田的总体状况（倒伏、健康等情况）；杂交制种田主要检查隔离条件、父母本纯度、花粉扩散的适宜条件、雄性不育程度、母本散粉株率、父本的杂株散粉株率、授粉状况、收获方法及时间等。

26. 为确保种子纯度，如何确定玉米制种田的田间检验时间？

玉米种子田在生长季节可以检查多次，但至少应在品种特征特性表现最充分、最明显的时期检查 1 次，以评价品种真实性和品种纯度。自交系及常规种应分别在苗期、大喇叭口期、抽雄期和收获后各去杂 1 次；杂交制种田除进行 4 次去杂外，在花期必须检验 2～3 次，以确保种子纯度。

27. 玉米制种田对田间杂株率和散粉株率的要求如何？

玉米自交系原种田间杂株率不高于 0.02%，大田用种不高于 0.5%，两者杜绝有散粉株；亲本原种父、母本田间杂株率不高于 0.1%，任何一次花检，散粉株率不超过 0.2%，或 3 次花检累计不超过 0.5%；杂交种大田用种父、母本田间杂株率不超过 0.2%，最后一次花检，散粉株率不超过 0.5%，或 3 次花检累计不超过 1%。

28. 如何用花粉萌发测定法测定花粉活力？

正常的成熟花粉粒具有较强的活力，在适宜的培养条件下便能萌发和生长，在显微镜下可直接观察计算其萌发率，以确定活力。方法如下。

（1）将培养基熔化后，用玻棒蘸少许，涂布在载玻片上，放入垫有湿润试纸的培养皿中，保湿备用。

（2）采集玉米刚成熟的花粉，将花粉撒落在涂有培养基的载玻片上，然后将载玻片放置于垫有湿滤纸的培养皿中，在 25℃ 左右的恒温箱（或室温 20℃ 条件下）中孵育，5～10 min 后在显微镜下检查 5 个视野，统计其萌发率。

29. 如何用碘—碘化钾染色法测定花粉活力？

多数植物正常花粉呈规则形状，如圆球形或椭球形、多面体等，积累淀粉较多，通常碘—碘化钾（I_2-KI）溶液可将其染成蓝色。发育不良的花粉常呈畸形，往往不含淀粉或积累淀粉较少，用碘—碘化钾染色，往往呈现黄褐色。因此，可用碘—碘化钾溶液染色法测定花粉活力。方法如下。

（1）花粉采集。取已成熟将要开花的花蕾，剥除花被片等，取出花药。

（2）镜检。取一花药置于载玻片上，加 1 滴蒸馏水，用镊子将花药充分捣碎，使花粉粒释放，再加 1～2 滴 I_2-KI 溶液，盖上盖玻片，于低倍显微镜下观察。凡被染成蓝色的为含有淀粉的活力较强的花粉粒，呈黄褐色的为发育不良的花粉粒。观察 2～3 张装片，每片取 5 个视野，统计花粉的染色率，以染色率的多少表示花粉的育性。

注：此法不能准确表示花粉的活力，也不适用于研究某一处理对花粉活力的影响。因为在核期退化的花粉已有淀粉积累，遇 I_2-KI 呈蓝色反应。另外，含有淀粉而被杀死的花粒遇 I_2-KI 也呈蓝色。

30. 如何用氯化三苯基四氮唑法（TTC法）测定花粉活力？

TTC（2,3,5-三苯基氯化四氮唑）的氧化态是无色的，可被氢还原成不溶性的红色三苯甲潜（TTF）。用 TTC 的水溶液浸泡花粉，使之渗入花粉内，如果花粉具有生活力，其中的脱氢酶就可以将 TTC 作为受氢体使之还原成为红色的 TTF；如果花粉死亡便不能染色；花粉生命力衰退或部分丧失生活力则染色较浅或局部被染色。因此，可以根据花粉染色的深浅程度鉴定种子的生活力。方法如下。

（1）取已成熟或将要开花的花蕾，剥除花被片等，取出花药。取少数花粉于载玻片上，加 1～2 滴 TTC 溶液，盖上盖玻片。

（2）将制片于 35℃ 恒温箱中放置 15 min，然后置于低倍显微镜下观察。凡被染为红色的活力强，淡红的次之，无色者为没有活力的花粉或不育花粉。

31. 玉米花粉能存活多长时间？

玉米花粉在温度 28.6～30℃，相对湿度 65%～81% 时，花粉生活力可维持 5～6 h，8 h 以后显著下降，24 h 以后则完全丧失生活力。如果将花粉暴晒在中午的强光下（38℃ 以上），2 h 左右即全部丧失生活力。

32. 何为花粉败育，产生的原因有哪些？

花粉败育是指由于种种内在和外界因素的影响，使花药中产生的花粉不能正常发育的现象。花粉败育的原因如下。

①花粉母细胞不能正常进行减数分裂，如花粉母细胞互相粘连一起，成为细胞质块；有的出现多极纺锤体或多核仁相连；也有产生的 4 个孢子大小不等，因而不能形成正常发育的花粉。②减数分裂后花粉停留在单核或双核阶段，不能产生正常的精子细胞。③绒毡层细胞的作用失常，失去应起的作用时，也能造成花粉败育，如在花粉形成过程中，绒毡层细胞不仅没有解体，反而继续分裂，增大体积。④营养不良，以致花粉不能健全发育。⑤环境条件导致，如温度过低，或者严重干旱等。

此外，由于内在生理、遗传的原因，在自然条件下，也会产生花药或花粉不能正常发育，成为畸形或完全退化的情况，这一现象称为雄性不育。

33. 从哪些方面入手，提高玉米杂交种产量和质量？

为了提高玉米制种产量，确保杂交种的质量，在制种时，必须把握好以下几个基本环节。

（1）安全隔离。是保证杂交制种质量的前提，是防止外来花粉入侵造成混杂的有效措施。

（2）规格播种。玉米制种的播种工作是整个制种工作的基础，必须严格按技术要求进行。

（3）去杂、去劣。玉米制种区田间去杂、去劣，一般需在苗期、拔节期、抽雄散粉前进行 3 次。

（4）花期调控。应从苗期开始，抓好花期预测，及时调控花期，保证花期能够良好相遇。

（5）母本去雄。在母本雄穗刚露出顶叶尚未散粉前，要及时彻底拔除雄穗，这是保障制种质量的中心环节。

（6）重视父本的作用。

（7）人工授粉。做好人工辅助授粉工作。

34. 玉米制种生产中，去杂的关键时期是什么？

玉米制种生产中，去杂分为三个时期。一是苗期，根据幼苗叶片、叶色、叶形以及生长势等，去大、去小、留中间苗，将杂苗和有怀疑的幼苗拔除；二是拔节期，根据植株高度、生长势、叶色、叶形宽窄、长短、株型等性状，将不符合典型性状的植株及病株全部拔掉；三是抽雄期，抽雄前 10～15 d 进行，根据株型、株高、叶片张开度及时将抽雄过早的植株拔除，达到整齐一致。此外母本果穗收获后脱粒前晾晒时，要根据穗型、籽粒行数、粒型、粒色、穗轴色等性状再进行一次去杂，将杂穗、异性穗、杂粒多的果穗全部淘汰，确保种子纯度。

35. 玉米的母本如何去雄？

一般采用人工去雄方法。即当母本雄穗刚抽出、手能握住时，隔株或隔行拔掉部分雄穗，去雄不宜超过1/2。去雄时要留心叶、拔雄穗，尽量在晴天上午开展，一般进行2～3次。弱株或矮株上的雄穗一定要除去。需要注意的是，雄株上的雄穗不能去雄，以免影响玉米正常授粉。

36. 玉米制种田采用带叶摸苞去雄穗增产的原因是什么？

（1）带叶摸苞去雄是将母本的雄穗在未开花之前即拔掉，从而有效控制由于抽雄不及时而造成的自交率，提高种子纯度。

（2）带叶摸苞去雄是在雄穗还未发育成熟时拔掉，减少养分的无效消耗，促进养分优先输送给果穗，有利于果穗早形成，提高结实率。经试验证明，带一片叶抽雄可增产5%；带两片叶抽雄可增产2%；带三片叶抽雄会减产1.5%。

（3）带叶摸苞去雄可防治病虫为害，玉米螟早期一般发生在玉米心叶或雄穗上，由于提前将母本雄穗拔掉掩埋，同时也消灭了大量玉米螟幼虫，减少了虫蚀粒，提高种子质量，减少了蚜虫的繁殖场所，也减少了蚜虫的为害。

（4）带叶摸苞去雄一次可拔去雄穗50%左右，省工省时，最重要的是提前去雄有利于雌穗的早发育、早吐丝、早结实，减少养分消耗，促进养分优先输送给果穗，从而提高结实率，增加制种产量。

（5）由于提前一周去雄，拔除了苞叶及雄穗，提前降低了株高，使植株重心下移，提高了植株的抗风能力，有效防止了倒伏的发生。

（6）带叶摸苞去雄既省工又省时，去雄期可缩短7 d左右。

37. 玉米制种田采用带叶摸苞去雄的技术要领是什么？

（1）带叶摸苞去雄以不超过两片叶为宜，要去雄及时、彻底，不留残枝，去雄做到风雨无阻，从而提高种子纯度。

（2）最后一次去雄时，要将弱小苗、晚发棵的一次全部拔出，防止散粉自交。

（3）拔下来的雄穗不要乱扔乱放，要及时处理，在田间挖坑埋掉，防止雄穗后熟散粉，影响种子纯度。

注意事项：①带叶摸苞去雄，将比正常去雄促进雌穗早发，一般可提前吐丝 2～3 d，所以要根据不同组合调整好播期，确保花期相遇良好。②为较有成效地实行带叶摸苞去雄技术，种子田要精细整地，播种前要浇足底墒，亲本种子发芽率要高，做到一次播种确保全苗，实现苗齐、苗全、苗壮，生育一致。③去雄所带叶片数可根据不同组合而定，以果穗上部保留四片叶为好，一般带叶去雄不超过两片叶为宜，最多不超过三片叶。④带叶摸苞去雄要掌握以雄穗顶部刚露出苞叶，能摸到茎部，去雄时，拇指和食指尽量伸向心叶里边，防止多带叶片或去雄不彻底，漏掉残枝。

38. 如何提高制种玉米的授粉率？

（1）喷施叶面肥，在玉米进入抽雄期后，每亩可用 99%磷酸二氢钾 200 g+油菜素内酯水剂 10 mL+尿素 100 g，兑水 30 kg 进行均匀喷雾，可显著提高叶片光合作用，增强植株抗逆性，促进花粉管伸长，也可显著提高玉米授粉率，增加结籽数。

（2）人工辅助授粉。开花授粉期，直接晃动父本植株，让花粉落下，或者找一根绳子，两人协作，在玉米田间轻微晃动父本植株，让花粉在田间落下，落到花丝上的花粉，即完成了人工授粉。采用人工辅助授粉，可大大降低果穗发生秃尖和花粒，每亩可增产 25～50 kg，最高每亩可增产 150 kg。

39. 如何对制种玉米进行人工辅助授粉？

人工辅助授粉是指将人工采集的父本花粉授给未授粉的花丝，是增加穗粒数的增产措施。尤其是群体内散粉期间天气不好，或制种玉米花期不遇时，人工辅助授粉更重要。散粉期间无风或连续阴雨，不利于传粉和授粉；持续的高温天气会在一定程度上影响玉米花粉的活力，使其不能正常授粉，或制种玉米花期不遇时，都应及时采取人工辅助授粉措施。一般在上午 8:00—11:00、气温 23～30℃时进行人工辅助授粉，方式上可使用长木棍轻推玉米植株，以促进玉米雄穗集中散粉，达到提高授粉率的效果。如果玉米种植面积较小，可实施采花授粉措施，效果更佳，具体做法如下。

（1）授粉前物品的准备。一是用直径 20 cm 左右的盆状花粉采集器，竹制的或塑料制的均可，在采粉器上铺一层不易受潮的白纸，切忌用金属器皿，以免降低花粉生活力。二是用直径 10 cm 的装花粉的搪瓷杯或碗，在杯或碗口蒙上一层尼龙纱，用橡皮筋扎紧，来筛除混入花粉中的花药、颖壳及其他杂物，保持花粉纯净干燥不受潮。三是准备一团如鸡蛋大小的棉花球，供蘸取花粉用。

（2）修剪花丝。花丝过长不便授粉，用剪刀将花丝修剪至1.5 cm长即可。

（3）适时采粉。要在父本雄穗开花盛期进行，此时花粉量大，雌穗的花丝也接近盛期。在正常条件下，玉米雄穗开花散粉的时间在上午8:00—11:00。时间过早，花粉量少，且易被露水沾湿，因吸水膨胀而失去生活力。超过12:00后，一般玉米雄穗开花停止，无花粉可取。因此，人工授粉时间，一要勤观察农田玉米开花的状态，二要把握开花时机，以利于提高授粉工作效率。

（4）授粉方法。采集花粉时，一只手轻轻地捏住雄穗茎部，另一只手拿住采粉器具，将雄穗对准采粉器抖动数下。连续选择30～40株雄穗，在开花量大的植株上采集花粉。玉米的花粉生活力一般只能维持5～6 h，在高温高湿条件下，采粉器内过量花粉堆积，易粘连成团块状，降低花粉寿命，要边采粉边授粉。将分批采集的花粉倒入搪瓷杯口上的纱布内，用备好的棉花球蘸取杯中筛净的花粉，逐行逐块有序地将花粉轻轻地抹在已修剪的花丝上。照此法辅助授粉2 d后，即可避免或减少玉米穗上花粒现象的发生，如授粉工作质量高，一般只进行1次人工授粉即可。

（5）注意事项。采集花粉要在露水干后进行，不要与水接触；采集的花粉不能晒太阳，不能久放，要随采随授；阴雨天时，拔下刚开始散粉的雄穗，捆成小把，下端插入水中，第2～3天，趁天晴收集花粉，授给母本；无风天气，于上午开花最多时，摇动父本植株或拉绳帮助传粉；干旱时，对玉米种植田块适当灌水1～2次，可以降低田间环境温度，改善授粉条件，同时，可提高玉米植株的抗高温能力和授粉率。授粉后，如玉米雌穗花丝已由白色或红色转变成黑色，则说明该玉米植株已授粉成功。

40. 玉米苞叶伸长是怎么回事，如何防止？

（1）玉米苞叶伸长现象。玉米果穗有1～2张苞叶伸长，严重的果穗上发生5～6张叶长30～40 cm的伸长叶，导致穗柄拉长、吐丝不畅、授粉不良、秃顶长度增加、不孕粒增多，明显减产。

（2）发生原因。①苞叶伸长部分长5～10 cm，一般不会影响花丝吐出。玉米发生果穗苞叶伸长现象，可能与大肥大水、天气异常等因素有关。肥水供应充足，特别是玉米生长中期大肥大水，植株营养过剩，基部节间和雄穗叶定型的情况下，会导致中部果穗叶活跃，诱发果穗苞叶、穗柄伸长。②玉米苗期和抽雄期遇到高温干旱或连阴雨天气，也易发生苞叶伸长现象。③不同玉米品种间苞叶生长活性也存在差异。④遗传因素。

（3）防止措施。①玉米果穗苞叶伸长叶发生，应根据种植密度和苗情合理施肥，施足基肥，及时施苗肥，早施、重施穗肥。施肥数量和时间依茬口、土质、苗情、种植密度等而定。一般基肥足、密度小、苗情好的田块，穗肥少施、迟施；反之，早施、多施，以协调生长。②玉米抽雄结果期，如果果穗上产生苞叶伸长叶，影响花丝抽出，应在吐丝前剪去 3～5 cm 伸长叶，使花丝及时抽出授粉受精，以免造成减产。

41. 常用的化学杀雄剂有哪些？

化学杀雄剂主要是用来去除植株的雄蕊，多用于农业杂交育种，阻止植株中花粉的发育，以及传粉受精的过程，诱导自花不亲和，阻止花粉细胞的分裂。主要有甲基砷酸盐、氨基磺酸、卤代脂肪酸等。

42. 分子标记辅助育种在玉米上的应用有哪些？

与育种目标紧密连锁的基因片段，如果不同基因型能够区分不同的表型，则通过分子标记形式，将其作为育种有利基因型筛选的标记，从而准确、快速筛选有利基因型的育种方式就是分子标记辅助育种。分子标记辅助育种在玉米上的应用主要表现在以下几个方面。

（1）抗病性育种。分子标记辅助育种在玉米抗病性育种中发挥了重要作用。通过寻找与抗病性状相关的基因标记，可以快速准确地筛选出具有优良抗病性能的玉米品种。例如，研究发现多个基因与玉米抗锈病性能相关，利用分子标记辅助育种技术可以快速选育出具有优良抗锈病性能的玉米品种。

（2）耐旱性育种。耐旱性是玉米的重要农艺性状之一，分子标记辅助育种可以为耐旱性育种提供有力支持。研究发现，多个基因与玉米耐旱性状相关，如钙离子通道蛋白基因和磷脂酶 D 基因等。利用分子标记辅助育种技术，可以准确地筛选出具有优良耐旱性能的玉米品种，提高玉米在干旱条件下的生产能力。

（3）耐寒性育种。耐寒性是玉米在寒冷地区生长的重要条件，分子标记辅助育种可以为耐寒性育种提供帮助。研究发现，基因组中的多个区域与玉米耐寒性状相关，如细胞壁合成基因和冷胁迫相关基因等。利用分子标记辅助育种技术，可以准确地选育出具有优良耐寒性状的玉米品种，扩大玉米的种植区域。

（4）抗虫性育种。玉米易受多种害虫侵害，分子标记辅助育种可以帮助提高玉米的抗虫性能。研究发现，某些基因与玉米抗虫性状相关，如 Bt 毒蛋白基因和胰蛋白酶抑制剂基因等。利用分子标记辅助育种技术，可以筛选出具有优良抗虫性能的玉米品种，减少虫害对玉米生产的为害。

（5）品质育种。品质是玉米的重要经济性状之一，分子标记辅助育种可以帮助改善玉米的品质。研究发现，多个基因与玉米品质性状相关，如直链淀粉合成基因和脂肪酸合成基因等。利用分子标记辅助育种技术，可以准确地选育出具有优良品质的玉米品种，提高玉米产品的市场竞争力。

（6）产量育种。产量是玉米的重要生产性状之一，分子标记辅助育种可以帮助提高玉米的产量。研究发现，多个基因与玉米产量性状相关，如碳代谢相关基因和光合作用相关基因等。利用分子标记辅助育种技术，可以准确地选育出具有优良产量性状的玉米品种，提高玉米的生产效益。

（7）资源利用。分子标记辅助育种在玉米资源利用中也有广泛应用。通过发掘优异基因资源，可以加快玉米品种的选育进程。例如，利用基因编辑技术，可以在短时间内创造出具有优良性状的玉米新品种。此外，分子标记辅助育种还可以帮助提高玉米种子的纯度和质量，提高玉米生产的效益。

分子标记辅助育种在玉米育种中具有重要作用，可以为抗病性育种、耐旱性育种、耐寒性育种、抗虫性育种、品质育种、产量育种以及资源利用等方面提供有力支持，推动玉米生产的可持续发展。

43. 制种玉米种子是否需要包衣？

制种玉米种子需要包衣，主要原因有以下3个。

（1）区分父本和母本。用不同颜色的种衣剂包衣，例如，用红色种衣剂对父本包衣，用蓝色种衣机对母本包衣，可以明显地区分父本和母本，在播种时，不容易发生错误。

（2）减少种子带菌。通过种子包衣，种衣剂中的杀菌剂可以有效杀灭种子表面的细菌、真菌孢子、菌丝、虫卵等有害微生物，减少制种田病虫害的为害。

（3）提供苗期种肥。种衣剂中含有种子萌发及幼苗生长的必需肥料，包括微量元素。可以使制种玉米苗期长势一致，苗强、苗壮。

44. 制种玉米亲本种子是否需要分级？

制种玉米亲本种子也需要分级。种子分级是在种子清选和精选的基础上，按照种子的大小、形状、重量等性状，将同一品种的种子分为均匀一致的不同类种子，以方便播种以及田间机械化操作。

种子分级可以使播种的同一批种子具有相同的活力，从而使制种玉米田间生长期内一直保持整齐一致的长势，使制种玉米全程机械化得以实现。特别是播种机械化、抽雄机械化和收获机械化。

45. 玉米种子生产中有常规种生产吗？与杂交种生产有什么区别？

玉米种子生产中有常规种生产，主要是对亲本种子的生产。特别是在亲本种子纯度下降、发生混杂等情况下，需要对亲本种子提纯复壮的时候，需要用到常规种生产。只要亲本种子纯度足够，则不需要常规种生产。

46. 我国玉米种子是怎么分级的？

我国玉米种子的分级主要根据纯度、净度、发芽率和水分四项指标来确定。根据国家标准规定，玉米种子被分成常规种、自交系、单交种、双交和三交种四种类型。这四种类型种子只有纯度的标准不一样，而净度、发芽率和水分的标准是一样的，具体标准是：净度不低于98.0%，发芽率不低于85%，水分不高于13.0%。

纯度的标准按四种类型种子分别制订：常规种，分为原种和良种两个等级，原种的纯度不低于99.9%，良种的纯度不低于97.0%；自交系，分为原种和良种两个等级，原种的纯度不低于99.9%，良种的纯度不低于99.0%；单交种，分为一级种和二级种两个等级，一级种的纯度不低于98.0%，二级种的纯度不低于96.0%；双交和三交种，分为一级种和二级种两个等级，一级种的纯度不低于97.0%，二级种的纯度不低于95.0%。

现在生产上最常见的是单交种和少量的双交种，常规种、自交系只有种子企业生产，市场上很少流通。三交种除了个别饲料玉米，已基本退出了市场。

47. 制种玉米去雄的原则是什么？

制种玉米去雄的原则是：及时、干净、彻底。

（1）去雄要及时。在玉米雄穗刚露出顶叶尚未散粉时，选择晴天上午进行。有些自交系，雄穗刚露头就散粉，因此，为了保证去雄质量，在母本雄穗尚未露头时进行。

（2）去雄要干净。不能漏掉雄穗，不能留残枝，以防止出现自交现象。一般采用"去雄不见雄，摸苞带叶去雄"方法去雄，即在母本雄穗尚未露头，但用手摸可以摸到雄穗时，带上顶部 1～2 片叶去雄。

（3）去雄要彻底。不能只去掉一部分雄穗，必须将整个雄穗完全拔除。去雄结束后，要在田间进行多遍检查，对于去雄不彻底，留有残枝的，必须及时拔除残枝。若残枝已散粉，需砍除散粉株周围 1 m² 范围内的所有母本。

48. 制种玉米去雄后的母本雄穗怎么处理？

对于拔除的母本雄穗应带出制种田，远离制种田 300 m 以上，或就地深埋。以防止雄穗散粉造成自交或花粉污染。

49. 制种玉米授粉后的父本怎么处理？

玉米授粉后，父本的处理方式一般有以下两种。

（1）父本在散粉结束后立即砍除。提前砍父本，可防止收获时将父本上的自交系和母本上的杂交种混淆，造成杂交种混杂。

（2）父本在杂交种收获前收获。若父本自交系种子不够，需要利用杂交制种田中的父本自交种子来年继续制种用，必须在杂交种收获前，先收父本，再收杂交种，以免造成混杂。

50. 父本散粉过早时，花粉保存的方法有哪些？

（1）冷藏保存。将花粉用保鲜袋密封，放在冰箱的冷藏室中，可以保存一年左右的时间。如果想要更长期的保存，可以将其保存在冷冻室内，这样可以延长保质期到几年，而且不会影响营养成分。如果花粉数量过大，可以直接存入冷库。

（2）常温保存。花粉经过简单的处理以后，也可以在常温下保存。但需要注意的是，花粉的干燥程度一定要好，喷洒以后直接用塑料袋进行密封，然后放在干燥通风的地方，可以使花粉保存 6～12 个月不变质。

（3）加糖保存。将花粉与白糖按 2∶1 的比例混合，放在可以密封的容器中捣实，在最上层再撒上 10 cm 厚的白糖，然后密封容器口，这样也能让花粉保存一段时间。

此外，还可以考虑冷冻贮存的方法。贮存前将干燥的花粉用双层塑料袋装好，并封严袋口，防止吸水。若短期贮存，贮存温度保持在 0～5℃；长期贮存温度保持在 −20～−18℃。这样可以最大限度地减少花粉中的蛋白质和维生素的损失，避免霉烂生虫。

51. 制种玉米授粉期遇到下雨怎么办？

（1）及时排水防涝。玉米授粉期间，如果遇到连续阴雨天气，应该及时开沟排水，防止田地积水影响玉米授粉。同时，要确保排水畅通，避免积水对玉米植株造成渍害。

（2）及时人工辅助授粉。在玉米授粉期间，如果遇到阴雨天气，可以采用人工辅助授粉的方法。在天气晴朗后进行人工辅助授粉，以提高授粉效果。

（3）追肥。在玉米授粉期间，如果遇到连续阴雨天气，会造成土壤肥力流失，因此需要在天气晴朗后及时追肥，以补充土壤肥力，促进玉米植株的生长。

（4）防治病虫害。玉米授粉期间，如果遇到阴雨天气，可能会导致病虫害的发生，因此需要加强病虫害的防治工作。可以采用药剂防治的方法，使用高效、低毒、低残留的农药进行防治。

（5）加强田间管理。在玉米授粉期间，要加强田间管理，及时观察玉米的生长情况，发现病虫害和不良天气要及时采取措施进行处理，确保玉米的正常生长和发育。

制种玉米授粉期遇到下雨时，要及时采取措施进行处理，确保玉米的正常生长和发育。同时，要密切关注天气变化和土壤情况，做好田间管理工作。

52. 制种玉米授粉期遇到高温怎么办？

（1）叶面喷肥。在高温时期，可以采取叶面喷肥的方法，既有利于降温增湿，又能补充玉米生长发育需要的水分及营养。同时结合灌水，以水调肥，加速肥效发挥，改善植株营养状况，增强抗旱能力。

（2）人工辅助授粉。在高温干旱期间，玉米的自然散粉、授粉和受精结实能力均有所下降，如果在开花散粉期遇到38℃以上持续高温天气，建议采用人工辅助授粉，减轻高温对玉米授粉受精过程的影响，提高结实率。一般在上午 8:00—10:00 采集新鲜花粉，用自制授粉器给花丝授粉，花粉要随采随用。制种田采用该方法增产效果显著。

（3）适期浇水或喷灌水。高温常伴随着干旱发生。可在高温期间，早晚温度相对较低时喷灌水，直接降低作物冠层温度和田间温度。同时，玉米植株可在灌水后获得充足水分，蒸腾作用增强，使冠层温度降低，从而有效降低高温胁迫程度，也可以减少高温引起的呼吸消耗，减免高温热害。有条件的可利用喷灌将水直接喷洒在叶片上，降温幅度可达 1～3℃。

制种玉米授粉期遇到高温情况时，要及时采取措施进行处理，确保玉米的正常生长和发育。同时，要密切关注天气变化和土壤情况，做好田间管理工作。

53. 在什么时候对制种玉米去杂、去劣？

一般制种玉米去杂、去劣在苗期、抽雄期、成熟期进行 3 次。

（1）苗期去杂、去劣。主要根据苗的大小、长势、叶鞘色、叶色、叶形等去除劣质苗、异形苗、白化苗等。

（2）抽雄期去杂、去劣。在抽雄开花前，尽量去除父、母本中的杂株和劣株。因为一旦散粉，杂株将对制种玉米纯度造成很大的影响。特别是父本中的杂株，影响更大。"母杂一株，父杂一片"，是对父、母本杂株影响的真实写照。抽雄前，主要根据株高、株型、叶形、叶色等特征进行去杂、去劣；抽雄时，主要根据花药颜色、花丝颜色、散粉量等特征及时去杂、去劣。

（3）成熟期去杂、去劣。成熟期主要根据株高、株型、叶形、叶色、苞叶颜色、穗型、粒型、粒色等特征进行去杂、去劣。

54. 制种玉米的质量检查在什么时候进行？

制种玉米的质量检查主要分 3 次进行。

（1）播前检查。主要检查亲本数量、纯度、种子含水量、发芽率；隔离区；父、母本播期；繁殖、制种计划是否配套等。

（2）去雄前后检查。主要检查田间去杂彻底性，花期相遇，去雄是否干净、彻底。

（3）收获后检查。主要检查种子纯度、贮藏条件等。

55. "三系法" 制种在玉米制种中的应用？

"三系"指的是不育系、保持系和恢复系。不育系通常是核质互作不育系。在"三系法"杂交制种中，父本是恢复系，母本是不育系。保持系主要用于生产不育系。通常分为两个环节。

（1）自交系生产。包括不育系、保持系和恢复系的生产。其中，保持系和恢复系通过在充分隔离的条件下，自交生产。而不育系是以不育系作母本，保持系作父本，从不育系上收获杂交后代不育系。

（2）杂交制种。以不育系作母本，以恢复系作父本，从不育系上收获杂交种。

在这两个环节中，主要的技术措施就是去杂、去劣，特别是去掉不育系中的可育系。另一项技术措施就是保纯，要保证各自交系的纯度。

56. 制种玉米自交系的提纯方法有哪些？

（1）穗行半分法。第一年从自交系繁殖田中选择典型单株，按株系种植于选择圃，并选株自交。每系自交 100～1 000 穗，视选择圃自交系纯度和所需原种数量而定。第二年半分穗行比较，即每个自交穗的种子均分为 2 份，一份保存，另一份种成穗行。在苗期、拔节期、抽雄开花期根据自交系的典型性、一致性和丰产性进行穗行间的鉴定比较。本年比较只提供穗行优劣的资料，并不留种。第三年混合繁殖。取出与当选株行相对应的第一年自交果穗预留种子混合隔离繁殖，生产原种。原种可进一步用于扩繁自交系，或者用于杂交制种。

（2）株系循环法。在自交系繁殖田中选择典型性强、饱满、无病虫害的优良果穗，按行分系种植于株系循环圃，去杂混收核心种。第二年将核心种种于隔离良好的基础种子田，去杂混收原原种。第三年将原原种混种于隔离良好的原种田，扩繁原种。原种可进一步用于扩繁自交系，或者用于杂交制种。

（3）自交混繁法。在自交系繁殖田中选择典型性强、饱满、无病虫害的优良果穗，第二年种植于株行鉴定圃，选留 50% 株系。第三年按行种植于自交留种圃，选留符合本品种典型性状的若干单株套袋自交，自交种子混收为核心种。第四年将核心种种植于隔离良好的基础种子田，自然授粉，去杂去劣，收获基础种子。第五年将基础种子种于原种田，扩繁收获原种。原种可进一步用于扩繁自交系，或者用于杂交制种。

57. 制种玉米病虫害的主要传播途径有哪些？

（1）气传。通过空气传播病虫害。一些病害孢子和有害昆虫，可以借助风力，远距离传播病虫害。因此，在易发病虫害的 7—8 月，若遇到大风天气，应该在风后喷洒农药及时杀灭病虫害孢子、幼虫等。

（2）土传。有些病虫害主要通过土壤传播病虫害。在秋季收获后，病害孢子和害虫的幼虫潜伏在土壤中，待来年玉米出土后侵染幼苗或成株。为了减少土传病虫害为害，要及时进行轮作倒茬。例如，在连续种植玉米 2～3 年后，种植一茬小麦或其他农作物，可减少玉米专性病虫害的为害。

（3）种传。秋季玉米收获前，病虫害孢子或虫卵寄生到种子表面，待来年播种时，为害玉米。对制种玉米进行种子包衣是减少种传病虫害的最有效途径。

58. 玉米制种必须满足的条件是什么？

（1）种子生产的机构设置及队伍建设。素质要求：①服从安排；完成计划；总结反省；沟通协调。②尊重（合作）伙伴，正确引导（农户），（基地）持续发展。③提高技能。④团结同事，虚心学习，团队凝聚，身心健康。⑤遵守纪律。

（2）种子生产的基地建设。基地建设主要内容：①面积落实。②品种布局。③生产资料准备。④用工准备。⑤生产计划准备。

（3）种子生产的资金准备。资金的主要来源：①贷款。②发行股票。③集资。④独资。

（4）种子生产的生产授权。①自主知识产权的品种，要获得品种权和种子生产许可证。②购买育种家选育的品种的品种权。③签订合同，育种家授权在限定时间内生产限定产量的种子。

（5）种子生产的生产许可证。种子生产许可证要经过审批、申报、年度审核等环节。

59. 制种玉米发生混杂退化的原因及防杂保纯的措施是什么？

制种玉米发生混杂退化的原因有：①机械混杂。主要是生产加工流通环节导致的异品种混杂。②生物学混杂。主要是隔离差、去杂劣不及时等原因导致的。③不正确的选择。主要是由于原种生产中不熟悉材料特征的选择造成的。④剩余分离和基因突变。⑤不良的生态条件和栽培技术。

制种玉米防杂保纯的措施：①严格管理，防止机械混杂，合理轮作；把好种子接受发放关，防止人为错误；把好播种关；严把收获脱粒关。②严格隔离，防止生物学混杂；严格去杂。去杂：去掉异品种和异作物的植株；去劣：去掉感染病虫害、生长不良的植株。③定期更新和采用四级种子生产程序。每隔3～4年更新原种。④严格执行种子生产技术规程。⑤改善环境条件与栽培技术。

60. 制种玉米种子活力测定的方法有哪些？

（1）外观目测法。用肉眼观察玉米种胚形状和色泽。凡种胚凸出或皱缩、显黑暗无光泽的，则种子活力强。

（2）TTC（2,3,5-氯化三苯基四氮唑）染色法。随机选取 100 粒玉米种子，放在 30~35 ℃温水中浸种 5 h，将吸胀的玉米种子用单面刀沿种子胚的中心线纵切为两半，其中一半置于培养皿中，加入 0.3% TTC，以覆盖种子为宜；置于 30℃培养箱中培养 30 min。用清水洗净 TTC，观察浸种胚是否为红色。种胚部位变红色的为有活力的种子。活种子的百分率为染成红色的种子粒数占试验种子总粒数的百分数。

（3）红墨水染色法。随机选取 100 粒玉米种子，放在 30~35 ℃温水中浸种 5 h，将吸胀的玉米种子用单面刀沿种子胚的中心线纵切为两半，其中一半置于培养皿中，加入 5%红墨水，以覆盖种子为宜；置于 30 ℃培养箱中培养 10 min。染色后倒去红墨水并用水冲洗多次至冲洗液无色为止。凡种胚不着色或着色很浅的为活种子，种胚染成红色的为死种子。活种子的百分率为不着色或着色很浅的种子粒数占试验种子总粒数的百分数。

（4）种子发芽法。采用标准发芽试验，统计 7 d 内，每天的发芽种子数及发芽率，采用公式计算活力指数，活力指数越高，种子活力越强。

活力指数（VI）= $GI \times S$，其中，GI 为发芽指数，S 为幼苗（幼根）的长度（cm）或质量（g）。

（5）冷浸发芽法。随机选取 200 粒玉米种子，分为 4 次重复，用纱布包好，写好标签，放入冷水中（3~6 ℃）浸泡一定时间，然后取出进行标准发芽试验，测定种子发芽势、发芽率、发芽指数和活力指数。发芽势、发芽率、发芽指数、活力指数越高，种子活力越高。

（6）电导率测定法。随机选取 50 粒玉米种子，放入烧杯内，用量筒向各烧杯加入 250 mL 去离子水，另一烧杯以去离子水为对照，于 20 ℃浸泡 24 h，然后用电导仪测定浸出液的电导率。电导率越大的种子活力越低。

61. 制种玉米种子纯度鉴定的方法有哪些？

（1）形态鉴定法。按种子、幼苗和植株的形态特征、特性的差异，将不同品种区分开来。

（2）细胞遗传学性状和分子标记特征鉴定。按染色体数目上的差异、DNA 限制性片段长度的多态性和 DNA 随机扩增多态性等方面的差异鉴别不同品种。

（3）生理学鉴定。不同品种的种子或幼苗，对异常温度、光周期、除草剂受害症状、微量元素缺乏症、激素反应敏感性和抗病虫特性等生理学特性的差异进行鉴定。

（4）物理学鉴定法。按不同品种的种子或幼苗在紫外光照射下发出荧光特性的差异，荧光扫描图谱的不同扫描电镜拍摄形态图和高压液相色谱的差异进行鉴定。

（5）化学鉴定法。依据化学反应所产生的颜色的差异区分不同品种。如苯酚染色法，愈创木酚染色法，碘化钾染色法等。但这些方法的鉴别能力较低，测定结果不太准确。

（6）田间鉴定。根据育种特征鉴定。

62. 制种玉米种子室内检验的主要内容有哪些？

（1）纯度。是指品种在特征特性方面的典型一致程度。用本品种种子（株）数占样品种子（株）数的百分率表示。纯度检验包括品种纯度和种子真实性的检验。

（2）净度。又称种子清洁度。指本作物净种子的质量占样品总质量的百分率。

（3）发芽率。种子发芽率指在适宜发芽条件下及规定时间内，长成正常幼苗种子数占供检种子数的百分率。

（4）水分。种子水分，又称种子含水量。指种子中含有的水分占种子供检样品原始质量的百分率。测定方法主要有烘干法和水分仪速测法。

（5）其他。①种子生活力。指有生活力的种子数占供检种子数的百分率。用染色法测得的种子潜在的发芽能力（快速测定）。②种子优良度。优良（种粒饱满、胚及胚乳正常、颜色、弹性、气味正常）种子数占供检种子数的百分率。③种子健康度。无病虫害种子占总种子的百分比。

63. 制种玉米种子标准发芽试验怎么进行？

（1）发芽前处理。①净度分析。②杀菌处理。主要采用福美双、萎锈灵、克菌丹、苯菌灵、有机汞、硫酸铜、次氯酸钠等进行浸泡处理。③破眠处理，日光照晒。

（2）种子发芽管理。①种子置床。将种子均匀分布在芽床上，间距为种子的1～1.5倍，吸胀均匀。②贴标签。包含品种名称、样品编号、重复次数、置床时间等。③水分管理。每天检查，不能过多（床内不存余水）或过少（床面落干）。pH值6.0～7.5，有机、无机杂质适量，喷壶补水。④温度管理。保持在所需温度±1℃范围内；玉米要求20～30℃，一般25℃ 8 h，20℃ 16 h，变温处理。变温发芽：先高温，后低温，分别持续8 h和16 h；无人应低温；非休眠种子发芽：3 h内完成变温。⑤霉菌管理。发霉5%以下：取出种子，洗净，放回原处；发霉5%以上：更换发芽床；腐烂死亡种子：立即去除，并记录；适当进行光照培养抑制霉菌。

（3）发芽数据记载。发芽势、发芽率测定：初次计数、末次计数发芽粒数。发芽指数测定：每天计数发芽粒数。活力指数测定：末次计数时统计根长/苗长或根重/苗重（鲜干重）。初次计数：拣出正常幼苗，不正常幼苗和种子留到末次计数；玉米为发芽第 4 天。末次计数：只有几粒发芽时，延迟 7 d 或其一半时间；鉴定正常幼苗、不正常幼苗、硬实、新鲜不发芽种子、死种子；玉米为发芽第 7 天。末次计数前全发芽：提早结束试验。幼苗鉴定：叶片从胚芽鞘中伸出。

（4）结果计算。计算结果用正常幼苗的百分数表示。

发芽势（%）＝初次计数时发芽数占总发芽数的百分数。

发芽率（%）＝末次计数时发芽数占总发芽数的百分数。

误差检查：4 次重复之间的差距不超两项资料的样本百分数的标准误（5% 显著水平，两尾测验）。

（5）结果报告。填报正常幼苗、不正常幼苗、硬实、新鲜不发芽种子、死种子百分率，有一项结果为零，填报"0"。记录发芽床、温度、时间、预处理方法。重复之间的误差检验不超最大容许差距。容许差距为规定值与测定值之差。

第七章

制种玉米病害防治的问题与解析

1. 玉米镰孢霉苗枯病的症状特点有哪些？怎样防治？

发病症状：玉米镰孢霉苗枯病主要由镰孢霉属真菌引起，可由一种或多种镰孢霉复合侵染所致。玉米镰孢霉苗枯病从种子萌芽到3~5叶期的幼苗多发，感病幼苗的种子根变褐、腐烂，可扩展到中胚轴，严重时幼芽烂死。幼苗初生根皮层坏死，变黑褐色，根毛减少，无次生根或仅有少数次生根。茎的基部水浸状腐烂，可使茎基部节间整齐断裂。叶鞘变褐、撕裂，叶片变黄，叶缘枯焦，心叶卷曲易折。通常发病幼苗无次生根，并逐渐死亡，枯死的苗近地面处产生白色或粉红色霉状物。有少数次生根的成为弱苗，底部叶片的叶尖发黄，并逐渐向叶片中下部发展，最后全叶变褐枯死。发病苗发育迟缓，生长衰弱。严重时各层叶片黄枯或青枯。

发病规律：镰孢霉以菌丝和分生孢子在病株残体、种子和未腐熟的有机肥料中越冬，成为翌年的初侵染源，病原菌在土壤中能存活2~3年。发病与气候因素关系密切，播种后气温偏低，雨水偏多或土壤过于干旱，病害发生比较严重。连作田块发病重，病原菌残留在土壤和病株残体中大量繁殖和积累，病原基数逐年上升。耕作粗放地和低洼积水地发病严重。

防治方法如下。

（1）整地。尽量安排好作物茬口，与其他作物轮作，以减轻苗枯病的发生。玉米收获后及时深耕灭茬，促进病残体分解，抑制病原菌繁殖，减少土壤带菌量。播前要精细整地，防止积水，促进根系发育，增强植株抗病力。

（2）浸种。玉米种子播前先在18~20℃的水中浸种4 h，然后移入60℃的热水中浸种5 min。晾干后播种。

（3）播前晒种。在播种前晒种2~3 d，可有效控制苗枯病的发生。

（4）种子包衣。选用玉米专用种衣剂20%福·克悬浮种衣剂、2.5%咯菌腈种衣剂等或用种子重量0.3%的25%三唑酮拌种。

（5）药剂防治。初发期还可喷施 50% 多菌灵可湿性粉剂 600 倍液，或施用 70% 甲基硫菌灵可湿性粉剂 600～1 000 倍液，或 50% 福美双可湿性粉剂 300～400 倍液，或 2% 三唑酮乳油 100 倍液，或 72% 霜脲·锰锌可湿性粉剂 1 000 倍液，对玉米幼苗茎基部喷洒，务使药液充分渗透到根部，间隔 5～7 d 防治 1 次，连续防治 2～3 次。

2. 玉米腐霉菌苗枯病的症状特点有哪些？怎样防治？

发病症状：种子萌发初期，玉米根或根尖处先发生褐变，随后部分或整个根系变褐，继而中胚轴水渍状褐变腐烂，导致根部发育不良，根毛减少，无或仅有几条次生根。茎基部水渍状腐烂，在外力作用下节间容易整齐断裂。幼苗两叶一心期地上部开始显症，表现为幼苗生长缓慢，植株矮小，叶鞘褐色呈撕裂状。叶片变黄，叶缘枯焦，心叶黄嫩卷曲易折。最后叶片自下而上逐渐干枯。湿度大时，在枯死病苗近地面部分产生白色、灰白色或粉色霉状物。

腐霉菌以卵孢子在病株残体组织内外、土壤或种子上存活越冬，成为翌年的主要初侵染源。病菌造成玉米根部发病，形成苗枯。潮湿地、低洼地、容易积水的田块发病较重，苗期遇低温时发病重，连作田、玉米秸秆堆积田块或距离堆积田埂近的田块发病重。

防治方法如下。

（1）种子包衣。选择抑制腐霉菌效果明显，且含有精甲霜灵、克菌丹、噻唑菌胺、福美双、嘧菌酯和吡唑醚菌酯等杀菌剂的种衣剂进行包衣。

（2）改进栽培管理，尽量采取直播玉米的栽培方式。在玉米种植前，深埋病残体，同时平整土地，防止田间积水，促进根系发育，增强植株抗病力。合理施肥，特别重视钾肥的使用，如播前每亩施 5 kg 左右的磷酸二铵，可明显提高抗病能力；有机肥应腐熟后再使用，从而阻断肥料带菌途径。轮作倒茬，可以有效减少田中病菌的积累。

（3）药剂防治。发病初期使用 10% 苯醚甲环唑水分散粒剂 2 000 倍液、50% 多菌灵可湿性粉剂 800 倍液、75% 甲基硫菌灵可湿性粉剂 800 倍液等药剂喷雾，重点喷洒茎基部，每隔 5～7 d 喷 1 次，连续喷施 2～3 次。

3. 玉米大斑病的症状特点有哪些？怎样防治？

发病症状：玉米大斑病又称为煤霉病、煤纹病、条斑病、枯叶病、长蠕孢菌叶斑病、叶斑病等。病原为大斑病凸脐蠕孢，属半知菌亚门、丝孢目、凸脐蠕孢属。整个生育期均可发病，通常苗期侵染对玉米影响较小，拔节期或抽穗期以后发病较重。玉米大斑病主要为害叶片，严重时也为害叶鞘和苞叶。植株下部叶片先发病，然后向上扩展。病斑长梭形，呈灰褐色或黄褐色，长 5～10 cm，宽 1 cm 左右，有的病斑更大，或几个病斑相连成大的不规则形枯斑，严重时叶片枯焦。发生在感病品种上先出现水渍状斑，很快发展为灰绿色的小斑点，病斑沿叶脉迅速扩展并不受叶脉限制，形成长梭形、中央灰褐色、边缘没有典型变色区域的大型病斑。在连雨天的时候，斑块上会出现灰黑色霉层，这主要是由于病原孢子大量分生而造成的，发病后植株叶片失去光合作用功能，难以保证植株的正常生长，严重时会导致植株枯死，造成大面积减产。发生在抗病品种上，病斑沿叶脉扩展，表现为褐色坏死条纹，周围有黄色或淡褐色褪绿圈，不产生或极少产生孢子。

发病规律：玉米大斑病病原菌以菌丝体在病组织内安全越冬，翌年当环境条件适宜时产生分生孢子进行传播。而病叶上越冬的分生孢子并不是初侵染的主要菌源，种子传带也不是初侵染的主要途径。发病组织新产生的分生孢子借气流和雨水传播，特别是湿度大、重雾或叶面有游离水存在时，分生孢子 48 h 即能从孢子两端细胞萌发产生芽管，形成附着胞与侵入丝穿透寄主表皮，或从气孔侵入叶片表皮细胞进行扩展蔓延，从而破坏寄主组织形成病斑，病斑上产生的分生孢子进行多次再侵染，造成病害流行。玉米大斑病的流行，除与玉米品种的感病程度有关外，还与当地气候条件关系密切。气温 20～25℃，相对湿度 90% 以上，利于病害发展。玉米从拔节至抽穗期间，气温适宜，又遇连续阴雨天，病害发展迅速，易大流行。玉米孕穗到抽穗期氮肥不足、低洼地、密度过大时发病越重。土壤板结，排水不良的地块病害发生严重。

防治方法如下。

（1）实行轮作倒茬制度，避免玉米连作，秋季应深翻耕土壤，充分腐熟病株残株，以消灭病菌；适时早播，避开玉米生长中后期（易感病期）与不利的气候条件相遇，以减轻发病；合理施用有机肥和磷肥，巧施氮肥，保证苗期植株苗壮成长，防止后期脱肥，以提高植株的抗病性；合理密植和灌溉，低洼地应注意田间排水，调节田间小气候，降低湿度，增强通风透光，创造不利于病害发生的环境条件。

（2）提前预防。6 月中旬发病前，用玉米菌克 250 g/hm² 加水 400～500 kg 喷施，10～15 d 再喷 1 次，连喷 2 次，可有效预防玉米大斑病。

（3）药剂防治。田间发现病株，先摘除植株基部黄叶、病叶，减少再次侵染菌源，增强通风透光度，然后用玉米菌克 500 g/hm² 加水 500～600 kg 喷施，在心叶末期到抽雄期或发病初期进行喷药防治。每 10 d 防治 1 次，连续防治 2～3 次。药剂选用 80% 代森锰锌可湿性粉剂 1 000 倍液，或 50% 多菌灵可湿性粉剂 500 倍液，或 50% 甲基硫菌灵可湿性粉剂 600 倍液，或 5% 百菌清可湿性粉剂 300 倍液，或 25% 苯菌灵乳油 800 倍液，或施特灵水剂 2 500 倍液喷雾。也可以用 80% 代森锰锌可湿性粉剂 50 g/hm²，或

70%甲基硫菌灵可湿性粉剂 1.5 kg/hm^2，或 50%多菌灵可湿性粉剂 1.5 kg/hm^2，或 75%百菌清可湿性粉剂 1.5 kg/hm^2，或施特灵水剂 2 500 倍液。喷雾 2～3 次，隔 10～15 d 喷 1 次。

4. 玉米小斑病的症状特点有哪些？怎样防治？

发病症状：玉米小斑病又称斑点病、叶枯病，是由无性型真菌平脐蠕孢属所致。病原菌侵染的寄主范围较广泛。玉米小斑病整个生育期均可发病，但以抽雄和灌浆期发病最重。主要侵染玉米叶片、叶鞘、苞叶和果穗，发病初期叶片上出现黄褐色小斑点，周围无水渍状透明特征，后期形成不同形状的黄褐色病斑。在潮湿条件下，病部生有灰黑色霉状物，即病原菌的分生孢子梗和分生孢子。

为害叶部产生的病斑有 3 种常见类型。

（1）点状病斑。叶部出现坏死小斑点，不继续扩大，呈黄褐色，周围有黄绿色浸润区，叶鞘受害也可产生点状病斑。

（2）条形病斑。椭圆形或近长方形，常在叶脉间发生，病斑黄褐色，边缘紫褐色或深褐色，多数病斑连片后，病叶变黄枯死，当湿度大时病斑上产生灰色霉层，这种病斑为田间发生的主要类型。

（3）梭形病斑。不受叶脉限制，灰色或黄褐色，椭圆形或纺锤形，较大，有时病斑上出现轮纹，边缘色淡或无明显边缘。苗期发病时，病斑周围或两端形成暗绿色浸润区，病斑数量多时，叶片萎蔫死亡。在苞叶、果穗和叶鞘上病斑多呈纺锤形或不规则形，黄褐色，边缘紫色或不明显，在潮湿条件下，病部产生灰黑色霉状物。有时病原菌侵入籽粒，引起果穗下垂，病粒秕瘦，如果用作种子常导致幼苗枯死。

玉米小斑病病原菌主要以菌丝体在病残体内越冬，分生孢子也可越冬。因此，遗留在田间未腐解的病残体成为翌年玉米小斑病发生的初侵染源。菌丝体产生分生孢子，借气流和雨水传播到田间玉米叶片上进行初次侵染。大面积推广和种植的玉米感病品种或杂交种是导致该病大发生和流行的主要原因。玉米小斑病发生的轻重取决于越冬菌源数量。从幼苗到抽穗前后，如环境条件较适合病原菌的传播、侵染和扩展，病原菌则通过多次重复侵染，迅速积累较多的菌量，就可在玉米灌浆期间形成大流行。在 7—8 月，降水量多、降水日数多、相对湿度大、排水不良的地块发病严重。

防治方法如下。

（1）培育和选用抗病品种。推广高产优质兼抗的玉米杂交种是防病增产的重要措施，各地应根据当地条件选用和推广适应当地种植的高产抗病杂交种，以减轻玉米小斑病的发生为害。

（2）减少越冬菌源。严重发生玉米小斑病的地块，要及时摘除底叶，玉米收获后要及时消灭遗留在田间的病残体，秸秆不要留在田间地头。

（3）加强栽培管理。避免玉米连作，秋季深翻土壤，充分腐熟病残株，消灭菌源；在施足基肥的基础上，及时进行追肥，氮、磷、钾合理配合施用，尤其是避免拔节期和抽穗期脱肥。适期早播，合理间作套种或实施宽窄行种植。注意低洼地及时排水，加强土壤通透性，并做好中耕除草等管理工作。

（4）药剂防治。一般在玉米心叶末期到抽丝期喷施农药，每亩选用 70%甲基硫菌灵悬浮剂 50～60 g、80%代森锰锌可湿性粉剂 100 g、75%百菌清可湿性粉剂 100 g、50%异菌脲悬浮剂 50 g、25%吡唑醚菌酯乳油 10 g 等进行叶面喷雾，间隔 7 d 喷 1 次，连续喷 2～3 次。

5. 比较玉米大斑病、小斑病的发生为害特点？

玉米大斑病、小斑病的为害特点见表 7-1。

表 7-1　玉米大斑病、小斑病为害特点

项目	大斑病	小斑病
发病部位	主要在成株叶片	幼苗和成株叶片
病斑形态	梭形	椭圆形
病斑色泽	初期水渍状小斑点，灰褐色至橘黄色，边缘暗褐，重者青枯	淡褐色水渍状透明斑，椭圆褐色斑，赤褐同心纹，边缘紫色
病斑大小	大而少	小而多
发生时期	生长中后期	全生育期
病征	后期在病斑上易产生黑褐色绒毛状霉层	潮湿气候下，病斑上生黑褐色绒毛状霉层

6. 玉米灰斑病的症状特点有哪些？怎样防治？

发病症状：玉米灰斑病由无性型真菌尾孢属引起，病原真菌是玉米尾孢菌。玉米灰斑病主要为害叶片，也可侵染叶鞘和苞叶，发生在玉米成株期的叶片、叶鞘及苞叶上。发病初期为水渍状淡褐色斑点，以后逐渐扩展为浅褐色条纹或不规则的灰色至灰褐色长条斑，这些病斑与叶脉平行延伸，病斑中间灰色，边缘有褐色线，病斑大小为 0.5～3.0 mm。潮湿时叶背病部生出灰色霉层，病害从下部叶片开始发生，气候条件适宜时可扩展至上部叶片至全部叶片，严重时病斑汇合连片，致使叶片提早枯死。叶片两面（尤其在背面）均可产生灰黑色霉层，即病菌的分生孢子梗和分生孢子。

发病规律：玉米灰斑病病菌以菌丝体和分生孢子在玉米秸秆等病残体上越冬，成为翌年的初侵染源。该病较适宜在温暖湿润和雾日较多的地区发生，且连年大面积种植感病品种，是翌年该病大发生的重要条件。该病于 6 月中下旬初发，开始时脚叶发病；7 月缓慢发展，为害至中部叶片；8 月上中旬发病加快，加重为害；8 月下旬、9 月上旬由于高温高湿，容易迅速暴发流行。甚至在 7 d 内能使整株叶片干枯，形成农民俗称的"秋风病"。

防治方法如下。

（1）清洁田园，减少病原菌。枯叶、秸秆等病残体是灰斑病的主要病源，玉米收获后，要及时彻底清除遗留在田间地块中的玉米秸秆、病叶等病残体，尤其是堆过秸秆的地方，重病地块，应彻底清除，并且在雨季开始前处理完毕，处理方法是带出田外用火集中烧毁，秸秆堆肥时要彻底进行高温发酵、加速腐解等，均可减轻病害的发生。

（2）玉米收获后，及时清除田间的秸秆，翻耕灭茬，减少菌源积累；合理施肥，适期追肥，氮、磷、钾肥合理搭配施用，使玉米植株生长健壮，提高抗病能力；合理密植、科学浇水，有利于通风透光，保证植株正常生长，提高玉米的抗倒性和抗病性。

（3）进行大面积轮作。

（4）加强田间管理，雨后及时排水，防止湿气滞留。

（5）药剂防治。发病初期喷洒 75%百菌清可湿性粉剂 500 倍液，或 50%多菌灵可湿性粉剂 600 倍液，或用 25%嘧菌酯悬浮剂，或 40%克瘟散乳油 800～900 倍液、50%苯菌灵可湿性粉剂 1 500 倍液、25%苯菌灵乳油 800 倍液、20%三唑酮乳油 1 000 倍液等喷雾防治，间隔期 7～10 d，连续防治 3 次。

7. 玉米黑斑病的症状特点有哪些？怎样防治？

发病症状：玉米黑斑病也叫细交链孢菌叶枯病，由无性型真菌链格孢属引起。是由一种玉蜀黍节壶菌引起的真菌性病害，是玉米病害中唯——类能产生游动孢子的真菌。尽管不是主要病害，但在玉米上发生普遍，严重时叶片发病率可达 50%以上，造成严重减产。该病主要侵染叶片，也为害叶鞘引起卷叶，严重时整株叶片破碎枯死。病部初期呈现水渍状小圆斑点，逐渐扩展为椭圆形或近圆形的病斑，中央灰白色至枯白色，边缘红褐色，后期病斑上产生黑色霉层，即病原菌的分生孢子梗和分生孢子。许多小斑点通常连接在一起形成横带状大片黄斑，常连片致维管束坏死，造成叶片无法输送营养而枯死，对产量影响很大。此病可造成玉米减产 10%～20%，严重可达 40%。

发病规律：玉米黑斑病菌以菌丝体或分生孢子在病残体上越冬，成为翌年发病的初侵染源。该病菌寄主范围广泛，其他作物或杂草也可带菌成为初侵染源。春天被风或雨水带到新季玉米的植株上，可进行多次再侵染。当遇到过量降雨或灌溉时，孢子囊萌发并产生游动孢子，在叶面游动侵染玉米植株的幼嫩组织。一般来说，褐斑病在喇叭口至抽穗期最容易感病，进入乳熟期后，发病率会明显降低，潮湿多雨年份发病重。

防治方法如下。

（1）降低病原菌基数。对于褐斑病发病较重的田块，来年种植尽量避免秸秆直接还田，可带离田间经过高温发酵和消杀，充分腐熟后再实际还田。在玉米收获后，对田块进行深翻暴晒，以降低病原菌基数。

（2）加强田间管理。中耕除草，及时间苗，合理密植，合理施肥。

（3）播前拌种。在播种前可针对性使用戊唑醇种衣剂进行拌种。

（4）药剂防治。玉米进入 4～8 叶期，发现初感染株，应抓住发病初期这个最佳防治时期，药剂可选择 25% 丙环唑可湿性粉剂 135 mL/hm^2 兑水喷雾，或 10% 苯醚甲环唑 450 g/hm^2 兑水喷雾。另外，在喷施药剂时，还可加入适量的叶面肥，在控制病害的同时，促进玉米植株健壮生长，增强抗性。

8. 玉米斑枯病的症状特点有哪些？怎样防治？

发病症状：玉米斑枯病是由无性型真菌壳针孢属的玉米壳针孢、玉蜀黍壳针孢和玉蜀黍生壳针孢 3 种病原所致。玉米斑枯病是一种较为常见的病害，主要是对玉米叶片造成为害。叶片在受到斑枯病的为害之后，会出现椭圆形的斑块，颜色以红褐色为主。随着时间的推移，玉米中心部位会逐渐变成灰白色，边缘则变为浅褐色，扩展成不规则的病斑，最后叶片病斑处局部枯死。严重的时候整片叶片都会产生病斑，枯死掉落，导致玉米产量及品质下降。

发病规律：玉米斑枯病的病菌会通过菌丝体、分生孢子器的形式在土壤、病残体上进行越冬，成为来年年初的传染源。一般分生孢子吸水后，分生孢子内的胶质溶解，分生孢子逃逸，通过风雨传播或溅回植物上，从气孔侵入，然后在病部产生分生孢子，分生孢子扩大。斑枯病在高湿低温的环境下，发病最为严重。

防治方法如下。

（1）及时收集病残体，集中烧毁。

（2）避免偏施氮肥，合理排灌，降低田间湿度。

（3）药剂防治。及早喷药，常用药剂有 75%百菌清可湿性粉剂 1 000 倍液加 70% 甲基硫菌灵可湿性粉剂 1 000 倍液，或 75%百菌清可湿性粉剂加 70%代森锰锌可湿性粉剂 1 000 倍液，或硫悬浮剂 500 倍液，或 50%复方硫菌灵可湿性粉剂 800 倍液，每隔 10 d左右防治 1 次，连续防治 2～3 次。

9. 玉米锈病的症状特点有哪些？怎样防治？

发病症状：玉米锈病是由担子菌门、柄锈菌属的玉米柄锈菌引起。玉米锈病主要发生在玉米叶片上，也能够侵染叶鞘、茎秆、苞叶和果穗。被害叶片初在两面散生或聚生淡黄色小疱斑（此为病原菌未发育成熟的夏孢子堆），随着病菌的发育和成熟，疱斑扩展为圆形至长圆形，明显隆起，颜色加深至黄褐色，终致表皮破裂散出铁锈色粉状物（即病原菌夏孢子）；后期疱斑上或其附近又出现黑色疱斑（此为病原菌有性态的冬孢子堆），疱斑破裂散出黑褐色粉状物（即病原菌冬孢子）。锈病主要减少玉米叶片面积，增加呼吸速率，影响植株高度、重量、穗长、穗粗、籽粒数及千粒重，严重降低玉米种子产量和质量。发病严重时导致玉米授粉不良，形成"花棒"，甚至导致玉米不能授粉结籽。发病严重时，整张叶片可布满锈褐色病斑，引起叶片枯黄。

发病规律：玉米普通锈菌是专性寄生菌，只能在活的寄主上存活。玉米柄锈菌以冬孢子随病株残余组织遗留在田间越冬。入春后当环境条件适宜时冬孢子即可萌发并产生担孢子，借气流传播到寄主作物，由叶面气孔直接侵入，引起初次侵染。田间少量植株发病后，在病部产生锈孢子，形成夏孢子堆并散发出夏孢子，夏孢子借气流传播进行再侵染，在植株间扩散蔓延，加重为害；直到秋季，产生冬孢子堆和冬孢子。玉米柄锈菌喜温暖潮湿的环境，发病温度范围 15～35℃；最适发病环境温度为 20～30℃，相对湿度95%以上；主要发生在开花结穗到采收中后期。夏孢子在侵入时，需要高湿，叶面结露适宜夏孢子形成和侵入。连作地排水不良的田块发病较重。栽培上种植早熟品种、密度过高、通风透光差、偏施氮肥的田块发病重。

防治方法如下。

（1）改变耕作制度。根据当地气候条件和以往锈病发生情况，合理密植，增加田间通风透光率，改善田间小气候，降低湿度。实行轮作，尽量减少连作。

（2）加强田间管理。注意中耕松土，防止土壤过分板结。避免大水漫灌，及时排水。合理施肥，避免偏施氮肥，适量增施磷肥和钾肥，提高植株自身抗病能力。清洁田园，玉米感病初期摘除发病中心植株病叶，带离种植区，玉米收获后及时清除茎叶残株，减少田间菌源。

（3）用丙环唑、烯唑醇、腈菌唑、三唑醇、三唑酮拌种。

（4）药剂防治。田间发现锈病为害株，及时去除病株病叶，病株率达5%以上时即可用药防治。可选用25%三唑酮可湿性粉剂1 500～2 000倍液，或20%苯醚甲环唑微乳剂（捷菌）1 500～2 000倍液，或18%戊唑醇微乳剂（安盈）1 000～2 000倍液，或10%苯醚甲环唑水分散粒剂（世高）800～1 200倍液，或85%代森锰锌可湿性粉剂750倍液，或75%百菌清800倍液等，每隔10 d喷1次，连续喷2～3次。

10. 玉米霜霉病的症状特点有哪些？怎样防治？

发病症状：玉米霜霉病又称指疫霉病、疯顶病，是由卵菌门、指梗霉属的玉米霜霉病菌所致。霜霉病在玉米上均引起系统性症状，从苗期至成株期均可发病。病菌侵染叶片，也可为害叶鞘和苞叶。苗期发病，叶片上出现淡绿色、淡黄色、苍白色或紫红色的条纹或条斑，节间短缩，植株矮化，逐渐死亡。成株期发病，不能正常抽穗或果穗与雄花畸形，在高温高湿条件下，病叶背面长出白色霉状物，这是病菌的孢子梗和孢子囊。

发病规律：以菌丝或卵孢子在玉米病株残体和土壤中越冬，越冬后病残体内的卵孢子萌动成为初侵染源。病株种子带菌可以远距离传播病原，成为新病区的初侵染源。田间病株杂草也是该病的初侵染源。高湿，特别是降雨和结露是影响发病的决定性因素。相对湿度85%以上，夜间结露或有降雨有利于游动孢子囊的形成、萌发和侵染。游动孢子囊的形成和萌发对温度的要求不严格。玉米种植密度过大，通风透光不良，株间湿度高发病重。重茬连作，造成病菌积累发病重。发病与品种也有一定关系，通常马齿种比硬粒种抗病。气候潮湿，雨水充沛，地势低洼利于发病。

防治方法如下。

（1）加强田间管理。要求耕地平整，避免在低洼潮湿地方播种玉米。灌溉时避免大水淹苗，注意及时排出积水，玉米生长期间及时清除田间杂草和拔除病残体并集中处理，可以减少菌源。

（2）用35%甲霜灵拌种剂按种子重量的0.3%拌种，或用25%甲霜灵可湿性粉剂按种子重量的0.4%拌种，都有较好的防病作用。

（3）药剂防治。发病初期喷洒25%甲霜灵可湿性粉剂1 000倍液，或90%三乙磷酸铝可湿性粉剂400倍液，或69%安克锰锌可湿性粉剂1 000倍液。每隔7 d喷1次，连续喷2～3次。

11. 玉米轮纹斑病的症状特点有哪些？怎样防治？

发病症状：玉米轮纹斑病又称轮豹纹病，由无性型真菌胶尾孢属的高粱胶尾孢菌侵染所致，主要为害叶片。初在叶面上产生圆形至椭圆形的褐色至紫红色病斑，后期轮纹较明显。病斑汇合后很像豹纹，致叶片枯死。湿度大时，叶背可见微细橙红色黏质物，即病原菌的子实体。

发病规律：病菌随种子或病残体越冬。翌年苗期发病可造成死苗，成株期发病病斑上产生大量分生孢子，借气流传播，进行多次再侵染，不断蔓延扩展或引起流行。多雨的年份或低洼高湿田块普遍发生，致叶片提早干枯死亡。在潮湿条件下产生新的分生孢子进行再侵染，造成病害蔓延扩展。

防治方法如下。

（1）清除初侵染源。玉米收获后进行土壤翻耕，销毁菌核，铲除田边杂草，消灭越冬菌源，减少翌年初侵染源。

（2）加强田间管理。及时剥取病叶，作为饲料或集中烧毁，以切断病害发生的中间寄主，防止病害扩大蔓延。在发生严重地区，注意及时开沟排水，降低田间湿度，减轻发病程度。

（3）药剂处理种子。用种子重量0.5%的50%福美双粉剂，或50%多菌灵可湿性粉剂拌种。

（4）药剂防治。用5%井冈霉素水剂750～1 050 mL/hm²，兑水1 120～1 500 L喷雾；或50%甲基硫菌灵可湿性粉剂，或50%多菌灵可湿性粉剂1 500 g/hm²，兑水1 120～1 500 L喷雾；或80%代森锌可湿性粉剂500倍液喷雾。

12. 玉米茎基腐病的症状特点有哪些？怎样防治？

发病症状：玉米茎基腐病又叫玉米青枯病，是由几种镰刀菌或腐霉菌单独或复合侵染所引起的。该病在玉米灌浆期开始显症，乳熟后期至蜡熟期为显症高峰。从始见病叶到全株发病一般仅7 d左右，短的只有2～3 d，长的可达15 d以上。叶片受害呈灰绿色，水烫状或霜打状，迅速枯死。茎和茎基部发病，通常局部产生浅褐色水渍状病斑，随后逐渐扩展到整个根系，呈褐色腐烂状，最后根变空心，根毛稀少，植株易被拔起；植株茎基部2～3节由青绿色逐渐变成黄褐色，节间中空，茎节变成浅褐色，病部易破裂；潮湿环境下可以看到白色菌丝和粉红色霉层；植株较易倒伏。发病后期植株果穗栽头下垂，穗柄柔韧，不易掰下；籽粒干瘪、无光泽，千粒重下降。

发病规律：玉米茎基腐病属于典型土传病害，常以菌丝和分生孢子在病残体组织内外、土壤和种子上越冬，成为翌年的初侵染源。病残体在适宜的气候条件下可以产生子囊壳，翌年便可释放出子囊孢子，子囊孢子通过气流传播进行初次侵染。分生孢子和菌丝体可以借风雨、昆虫、灌溉和机械进行侵染，是玉米茎基腐病主要的传播方式。玉米茎基腐病以苗期侵染为主，一般平展株型比紧凑株型发病重，高大植株比矮小植株发病重；连作年限越长，土壤中积累的病菌越多，发病越严重，而生茬地菌量少发病轻；一般平地发病较轻，而岗地和洼地发病重；土壤肥沃，有机质丰富，排灌条件良好，玉米生长健壮的田块发病轻，砂质土壤瘠薄，排水条件差，玉米生长弱的田块发病重。其发病高峰在8月中旬至9月上中旬。

防治方法如下。

（1）清除田间病株残体。制种玉米抽雄期及时拔除发病雌、雄株，玉米收获后彻底清除发病株，集中处理或结合深翻土地进行深埋。

（2）合理轮作。实行玉米与其他非寄主作物轮作，防止病原菌在土壤中积累，发病重的地块可与马铃薯、蔬菜作物轮作2～3年。

（3）种子处理。每10 kg种子用2.5%咯菌腈悬浮种衣剂10～20 g，或20%福·克悬浮种衣剂20 g，或3.5%咯菌·精甲霜悬浮种衣剂10～15 g，进行种子包衣。

（4）苗期预防。可在10叶期用10%苯醚甲环唑水分散粒剂2 000倍液或430 g/L戊唑醇水悬浮剂3 000倍液喷雾。重点是茎基部及周围土壤，一定要喷匀喷透。

（5）药剂防治。①大喇叭口期。是玉米病虫害发生的第一个高峰期，可用植物刺激素赤·吲乙·芸薹7 500倍液+30%苯甲·丙环唑悬浮剂2 000～3 000倍液，可提高玉米长势，增强植株抗性，减轻病害发生程度。②授粉期。采用植物刺激素70 g/L，中量元素肥料500倍液+40%苯甲·醚菌酯悬浮剂1 500倍液，可提高植株抗性，杀灭病菌。

13. 玉米顶腐病的症状特点有哪些？怎样防治？

发病症状：玉米顶腐病病原菌为亚粘团镰孢霉。玉米顶腐病从玉米苗期到成株期均可发生，以成株期发病多。苗期植株表现不同程度矮化；叶片失绿、畸形、皱缩或扭曲；边缘组织呈现黄化条纹和刀削状缺刻，叶尖枯死；重病苗枯萎或死亡，轻者叶片基部腐烂，边缘黄化，沿主脉一侧或两侧形成黄化条纹，叶基部腐烂仅存主脉，中上部完整呈蒲扇状；以后生出的新叶顶端腐烂，致叶片短小或残缺不全，边缘常出现刀削状缺刻，缺刻边缘黄白或褐色。成株期表现为植株矮小，顶部叶片短小、组织残缺不全或皱褶扭曲；植株顶部叶片卷缩成长鞭状，有的叶片包裹成弓状；有的顶部几片叶片扭曲缠结不能伸展，缠结的叶片常呈撕裂状。轻病株可抽穗结实但果穗小、结籽少，重病株不能抽穗。病株根系不发达，根毛少，根系发育不良，次生根不发达，根尖腐烂褐变。受害严重者主根、次生根短小、腐烂，植株后期枯死。

发病规律：玉米顶腐病是以系统侵染为主、再侵染为辅的病害，病原菌以菌丝或厚垣孢子在种子、土壤和病残体上越冬，成为翌年的初侵染源。多年连作，造成土壤中病原菌大量积累，发病较重。春、秋耕翻灭茬不及时，耕翻深度达不到要求，遗留在田间的病残体不能充分腐熟，造成土壤中病原菌的积累，使侵染概率提高，发病严重。偏施氮肥和钙元素缺失，使植株抗病性降低，发病较重。整地不平，田间低洼积水均能造成严重发病。低温高湿的土壤环境有利于玉米顶腐病的发生，土壤温度低而出苗迟，发病率高。

防治方法如下。

（1）减少菌源。施用农家肥时应充分腐熟，阻断农家肥带菌途径，减少发病；建立无病留种田，降低种子带菌率和病害发生率；田间发现病株及时拔出，带出田外集中处理，减少和消灭初侵染来源。玉米收获后及时深翻灭茬，促进病残体分解，抑制病原菌繁殖，减少土壤中病原菌种群数量，减轻病害的发生。

（2）药剂拌种。播种前用25%三唑酮可湿性粉剂按种子重量的0.2%拌种，12.5%烯唑醇可湿性粉剂按种子重量的0.2%拌种，并可兼防玉米丝黑穗病。也可用75%百菌清可湿性粉剂，或50%多菌灵可湿性粉剂，或80%代森锰锌可湿性粉剂等，以种子量的0.4%拌种。

（3）喷雾防治。对发病田块可选用58%甲霜灵锰锌300～500倍液，用量1.5～2.25 kg/hm²，加配75%百菌清300～500倍液，用量1.5～2.25 kg/hm²，加硫酸锌肥600倍液，用量1.2 kg/hm²，以上混合液喷施。或选用50%多菌灵，或70%甲基硫菌灵500倍液，用量1.5 kg/hm²，加配75%百菌清500倍液，用量1.5 kg/hm²，加硫酸锌肥600倍液，用量1.2 kg/hm²，混合喷施。一般喷施2次，间隔期为5～7 d。

14. 玉米全蚀病的症状特点有哪些？怎样防治？

发病症状：玉米全蚀病是由子囊菌门、顶囊壳属真菌引起的，已报道的全蚀病菌有4个变种，即小麦变种、水稻变种、燕麦变种和玉米变种。全蚀病菌在玉米苗期和成株期均能侵染，在苗期主要从胚根侵入，为害种子根基部，或从根尖、根部侵染，不断向次生根系蔓延，轻者被害根系变栗色至黑褐色，重者种胚或种子根变色，根皮坏死、腐烂。由于玉米次生根不断再生，根系比较发达，所以苗期仅根部发病，而地上部一般不表现症状。在成株期，植株下部叶片开始变黄，逐渐向叶基和叶中肋扩展，叶片呈黄绿条纹，最后全部叶片变褐色干枯。严重时茎秆松软，根基腐烂，易折断、倒伏。拔出病株可见根部变栗褐色，须根的根毛大量减少，如果雨水较多，病根扩展迅速，甚至根系全部腐烂，造成整个植株早衰、死亡。在植株生育后期，菌丝在根皮内集结，呈现"黑膏药状"和"黑脚状"症状。根基或茎节内侧可见黑色小点，即全蚀病菌有性阶段的子囊壳。

发病规律：该菌是较严格的土壤寄居菌，只能在病根茬组织内于土壤中越冬。染病根茬上的病菌在土壤中至少可存活 3 年，罹病根茬是主要初侵染源。病菌从苗期种子根系侵入，后向次生根蔓延，致根皮变色坏死或腐烂，为害整个生育期。该菌在根系上活动受土壤湿度影响，5—6 月病菌扩展不快，7—8 月病情迅速扩展。壤土发病重于砂壤土，洼地重于平地，平地重于坡地。施用有机肥多的地块发病轻。7—9 月高温多雨发病重。不同品种感病程度差异明显。气候因素与该病的发生发展关系密切。在玉米生育期中，湿度是决定发病程度的重要因素，尤其是 7—8 月遇上多雨的年份则发病严重。玉米灌浆乳熟期遇上高温干旱，促使玉米的光合、蒸腾和呼吸作用加强，导致玉米植株生理上未熟先衰，后期如遇上多雨天气，更适合全蚀病菌寄生扩展，加速根系坏死腐烂，进一步加速地上部早衰枯死。目前尚缺少抗病品种，但品种间对全蚀病抗性差异显著。

防治方法如下。

（1）提倡施用酵素菌沤制的堆肥或增施有机肥，改良土壤。每亩施入充分腐熟有机肥 3 000 kg，并合理追施氮、磷、钾速效肥。

（2）收获后及时翻耕灭茬，发病地区或田块的根茬要及时烧毁，减少菌源。

（3）药剂防治。选用 25%三唑醇干拌种剂，或 50%多菌灵可湿性粉剂按种子量的 0.3%拌种，可有效防治玉米全蚀病；也可每亩选用 3%三唑酮颗粒剂、3%三唑醇颗粒剂、5%多菌灵颗粒剂、5%三唑酮·多菌灵颗粒剂等 1.5 kg 进行穴施；或用 10%三唑酮种衣剂按 1∶100 进行种子包衣，均能有效防治该病的发生。

15. 玉米黑粉病的症状特点有哪些？怎样防治？

发病症状：玉米黑粉病又名瘤黑粉病、黑穗病等，是由玉米黑粉菌引起。该病主要为害植株地上组织或器官，如茎、叶、花、雄穗、果穗和气生根等。玉米黑粉病是局部侵染性病害。在玉米的整个生育期随时发生，但一般苗期发病较少，抽雄后迅速增多。受害组织因受病原菌刺激而肿大成瘤。病瘤表面有白色、淡红色，以后变为灰白色至灰黑色的薄膜。最后外膜破裂，散出黑褐色粉末（病原菌的厚垣孢子），病瘤的大小差异悬殊。同一植株上往往多处生瘤或同一部分多个病瘤密集成一堆。雄穗的部分小花感病长出囊状或角状的小瘤，常数个聚集成堆。雄穗轴上也产生病瘤。雌穗大多在上半部受侵害，仅个别小花受侵害产生病瘤，其他仍能结实，偶有整个雌穗被害而不结实的。病瘤一般较大，生长很快，突破苞叶而外露。尚未抽出的果穗受害后，病瘤可突破叶鞘外露。通常在田间最早出现的病瘤发生在茎基部，此时玉米株高 30 cm 左右，病株扭曲皱缩，叶鞘及心叶破裂紊乱，拔起后可见茎基部有病瘤，严重时植株枯死。拔节前后，叶片上开始出现病瘤，多在叶片中肋的两侧发生，有时在叶鞘上也可发生。叶片上的病瘤小，数量多，常成串密生。茎节上出现大瘤时，植株茎秆多扭曲，生长受阻，因而病株一般矮小，早期受害时果穗小，甚至不能结穗。

发病规律：黑粉病菌以共厚垣孢子在土壤中及病株残体上越冬，成为翌年的初侵染来源。在自然条件下，集结成块的厚垣孢子较分散的孢子寿命长。厚垣孢子混入厩肥中仍有萌发能力，因此混有病残组织的堆肥也是初次侵染来源之一。春季气温上升以后，一旦湿度合适，在土表、浅土层、秸秆上或堆肥中越冬的病原菌厚垣孢子便萌发产生担孢子，随气流传播，陆续引起苗期和成株期发病。早期病瘤部位上的厚垣孢子通过气流或其他媒介还可进行多次重复侵染，蔓延发病。

防治方法如下。

（1）控制菌源基数。秋季深翻整地，把地面上的菌源深埋，减少初侵染源。在玉米生长苗期、拔节期至乳熟期，及时割除病瘤，带到田外深埋或焚烧，切忌随意丢弃在田间地头。避免用病株沤肥，粪肥要充分腐熟，防止人为传播病菌。适当采用石灰消毒土壤，可减少初侵染菌源。

（2）合理轮作倒茬。一般实行 1～2 年轮作，重病区至少要实行 3～4 年轮作倒茬。幼苗期以拔除病株为主。结合定苗及中耕、除草等，发现及早彻底拔除病苗、可疑苗，以最大限度地减少病源。拔节后发现病瘤，以及早割除病瘤为主。准确地诊断是及时防治的前提，确诊后要及时、彻底地割除病瘤并销毁。

（3）种子包衣。对该病防治较好的种衣剂有：30%克多霜种衣剂、20%辛酮拌种衣剂等。

进行拌种和浸种：较为有效的方法是用 35%的菲醌粉剂按种子量的 0.2%～0.3%进行拌种、浸种；用 50%的福美双可湿性粉剂按种子量的 0.3%～0.5%拌种，或用 50%的多菌灵可湿性粉剂按种子量的 0.5%～0.7%进行拌种、浸种。

（4）玉米抽雄期是最佳的防治时期，常用药剂有 1%井冈霉素 0.5 kg 加水 200 kg、50%甲基硫菌灵可湿性粉剂 500 倍液、50%多菌灵可湿性粉剂 600 倍液、40%菌核净可湿性粉剂 1 000 倍液，喷药重点为玉米基部，保护叶鞘。

16. 玉米丝黑穗病的症状特点有哪些？怎样防治？

发病症状：玉米丝黑穗病是由担子菌门丝孢堆黑粉菌属真菌所致。病菌主要为害果穗和雄穗，形成菌瘿。菌瘿内充满病原菌的冬孢子，并残留丝状维管束残余物，故名"丝黑穗病"。①病株果穗有的不吐花丝，形状短胖，基部较粗，顶端较尖，苞叶完整，但果穗内部充满黑粉状物，即病原菌的冬孢子。后期苞叶破裂，露出黑粉，黑粉多黏结成块，不易飞散。黑粉间夹着丝状的玉米维管束残余。还有的病果穗失去原形，严重畸形，呈"刺猬头"状。②雄穗发病有两种症状类型。一是雄穗上单个小穗变为菌瘿。此时花器畸形，不形成雄蕊，颖片因受刺激而变为叶状，雄花基部膨大，内藏黑粉。二是整个雄穗变成一个大菌瘿，外面包被白色薄膜。薄膜破裂后，黑粉外露。黑粉常黏结成块，不易分散。早期发病的植株多数果穗和雄穗都表现症状，晚期发病的仅果穗表现症状，雄穗正常。雄穗发病的植株，多半没有果穗。

发病规律：玉米丝黑穗病的发生程度与品种的抗病性、土壤中的病菌数量、环境条件有关。不同的玉米品种在同一条件下发病率不同，说明品种间的抗病性有差异。玉米种植至出苗期间的土壤温、湿度条件与发病关系最为密切，一般在土壤温度20℃左右，土壤含水量20%～40%时玉米发芽生长迅速，经6～10 d即可出苗。由于玉米出苗快，缩短了玉米幼芽在土壤中的停留时间，从而减少了病菌感染的机会，发病就轻。当土温在15℃左右，土壤含水量低于20%，则不利于种子萌发和生长，出苗缓慢，延长了玉米幼芽在土壤中的停留时间，增加了病菌感染的机会，发病就重。早播和播种过深、种植感病品种、连作地块土壤病菌数量大、春季低温干旱年份玉米丝黑穗病发病重。

防治方法如下。

（1）农业防治。①轮作倒茬：轮作倒茬和品种的合理布局是减少田间菌源的有效措施。②翻耕土地及施用净肥：深翻土地可将病菌埋压在土壤底层，从而减少侵染机会，减轻发病。粪肥带菌是该病传播的又一途径，因此施用充分发酵腐熟的净肥也是防病的有效措施之一。③及时清除黑粉瘤：在黑粉瘤未破裂时，及时摘除并携至田外深埋，减少病菌在田间扩散和在土壤中存留。

（2）药剂防治。可用15%三唑酮可湿性粉剂、50%甲基硫菌灵可湿性粉剂按种子重量的0.3%～0.5%拌种。也可用12.5%的烯唑醇可湿性粉剂或2%戊唑醇湿拌种剂按种子重量的0.2%拌种。另据试验，用15%腈菌唑乳油种衣剂按种子重量的0.1%～0.2%拌种，防效优于三唑酮，具有缓释性和较长的持久性。

17. 玉米穗腐病的症状特点有哪些？怎样防治？

发病症状：玉米穗腐病又称赤霉病、果穗干腐病，是由禾谷镰刀菌、串株镰刀菌、青霉菌、曲霉菌、枝孢菌、单瑞孢菌等20多种霉菌侵染所引起的。玉米果穗及籽粒均可受害。主要特点是发病范围广、病原菌种类多、侵染方式复杂。被害果穗顶部或中部变色，并出现粉红色、蓝绿色、黑灰色、暗褐色或黄褐色霉层，即病原菌的菌体、分生孢子梗和分生孢子，并扩展蔓延到整个雌穗的1/3～1/2处，多雨或湿度大时可扩展到整个雌穗。感病的籽粒无光泽，不饱满，质脆，内部空虚，常被交织的菌丝所充塞；果穗病部苞叶常被密集的菌丝贯穿，黏结在一起并贴于果穗上不易剥离。仓储玉米受害后，粮堆内外长出疏密不等、各种颜色的菌丝和分生孢子，并散发出霉味。

发病规律：穗腐病传播能力较强，不同类型穗腐病传播特点不同，主要由病菌类型差异所致，曲霉菌主要通过风、水等自然条件传播，但是病原菌中的分生孢子则通过玉米田间杂草、植物等作为媒介进行传播，一旦玉米植株出现伤口，便很容易被病原菌入侵进而发病。15～25℃是玉米穗腐病的最佳传播及发病环境，病原菌的生长速度明显加快且会出现大面积的传播。玉米生长至成熟期，若采收不及时，在气候环境的影响下玉米穗腐病发病率增加；秋季降水增多，此时玉米田间湿度及温度水平均会有明显变化，有益于穗腐病的传播，此时的穗腐病发病率明显升高。

防治方法如下。

（1）加强后期管理。玉米进入完全成熟前，可将玉米茎基部的几片老叶摘除，加强通风排湿，可显著降低田间湿度，创造不利于病害发生的环境，减少发病机会。

（2）及时收获。在玉米成熟期需及时进行采收，若遇阴雨天气需要做好保护工作，避免出现受潮情况，确保玉米在充分晾晒后再集中进行储存。若发现玉米感染穗腐病，需将其进行隔离、暴晒、保存，避免与优良玉米果实混合存放，防止穗腐病的进一步传播。

（3）提前喷药防治：在玉米拔节后期，田间喷施化学药剂，如苯醚甲环唑、甲基硫菌灵、氯虫苯甲酰胺等进行防治。玉米生长中后期，也是玉米大小斑病的发生期，可结合防治玉米大小斑病，用30%唑醚·戊唑醇悬浮剂20～40 mL/亩，或32%戊唑·嘧菌酯悬浮剂32～42 mL/亩，兑水30 kg均匀喷雾，重点喷施果穗和中下部老叶，可有效预防穗腐病的发生，还可兼治玉米大小斑病，达到一喷多效的目的。

18. 玉米细菌性条斑病的症状特点有哪些？怎样防治？

发病症状：引起玉米细菌性条斑病的病原菌有2种，即须芒草伯克霍尔德氏菌

（异名为高粱假单胞菌）、燕麦噬酸菌燕麦亚种。玉米细菌性条斑病主要为害叶片和叶鞘。在玉米叶片、叶鞘上生褐色至暗褐色条斑或叶斑，严重时病斑融合。有的病斑呈长条状，致叶片呈暗褐色干枯。湿度大时，病部溢出很多菌脓，干燥后为褐色皮状物，被雨水冲刷后易脱落。

发病规律：病原菌在发病组织中越冬。翌春经风雨、昆虫或流水传播，从伤口或气孔、皮孔侵入，病菌深入内部组织引起发病。当叶面结露或有水滴时，病菌通过寄主表皮气孔侵入，扩展蔓延，温暖潮湿的气候条件下，发病严重。高温多雨季节、地势低洼、土壤板结易发病，伤口多，偏施氮肥发病重。

防治方法如下。

（1）避免在低湿地种植玉米。种植地注意开沟排水，雨后清沟排渍降湿。

（2）配方施肥，勿偏施或过量施用氮肥，适当增施磷钾肥，适时喷施叶面营养剂，促植株早生快发，稳生稳长，增强植株抗性。

（3）抓好田间卫生。加强检查，剪除初发病叶并妥善处理，切勿遗弃田间；收获时收集病秆烧毁。

（4）药剂防治。玉米细菌性叶斑病为细菌感染引起的病害，用乙蒜素，或多抗霉素，或辛菌胺乙酸盐，或氯溴异氰脲酸，或春雷·王铜，或噻菌铜，或噻森铜，或喹啉铜，或氢氧化铜，或氧化亚铜，或氧氯化铜，或甲霜铜，或络氨铜等进行防治。在发病初期，采用50%春雷·王铜可湿性粉剂1 000～2 000倍液全田喷雾，能起到控制病害进一步发展和传播的作用。

19. 玉米矮花叶病的症状特点有哪些？怎样防治？

发病症状：玉米矮花叶病是由玉米矮花叶病毒引起的。病毒可以用汁液摩擦接种，自然情况下，主要由蚜虫传染。玉米矮花叶病是一种系统性病害，整个生育期均可感染引起发病，该病主要为害叶片，主要在玉米幼苗期至抽雄前感染病毒。病株最初在心叶基部的细脉间出现许多椭圆形褪绿小点，断续排列，呈典型的条点花叶状。病部受粗叶脉限制扩展，脉缘绿色，但易越过细叶脉，形成较宽的褪绿条纹，显出黄绿相间的条纹症状。如条件适宜，病部扩展则不受粗脉或中脉的限制，迅速扩展至全叶，形成黄绿二色相间的花叶症状，重病叶变黄，组织脆硬易折，最后叶尖、叶缘变红紫干枯。果穗的苞叶有时也可显现花叶症状。感病品种在苗期感病后，株高仅为健康株的1/3～1/2，不能抽穗或抽而不实，在收获前即死亡。拔节至抽穗前感病，株高为健康株的1/2～4/5，若管理得好，气温较高，受害减少。在抽穗前后感病时，株高接近正常，产量基本无损失。病株根系不发达，后期易萎缩腐烂，引致其他菌类腐生。

发病规律：蚜虫传播病毒，在一年生或多年生禾本科杂草上越冬，因此，农田杂草为病毒的积累和越冬提供了有利条件。病毒通过蚜虫侵入玉米植株后，潜育期随气温升高而缩短。该病发生程度与蚜量关系密切。生产上有大面积种植的感病玉米品种和对蚜虫活动有利的气候条件，即5—7月凉爽、降雨不多，蚜虫迁飞到玉米田吸食传毒，大量繁殖后辗转为害，易造成该病流行。

防治方法如下。

（1）在田间尽早识别并拔除病株，这是防治该病的关键措施之一。

（2）适期播种和及时中耕锄草，可减少传毒寄主，减轻发病。

（3）在传毒蚜虫迁入玉米田的始期和盛期，及时喷洒50%抗蚜威可湿性粉剂3 000倍液、10%吡虫啉可湿性粉剂2 000倍液，或用45%马拉硫磷乳油1 000倍液以及2.5%高效氯氰菊酯乳油2 500倍液喷雾防治蚜虫。

（4）黄板诱蚜。玉米田间挂诱蚜黄板诱杀传毒蚜虫，可减轻病害发生。

第八章

制种玉米虫害防治的问题与解析

1. 河西走廊地下害虫的主要种类、为害特点是什么？如何防治？

地下害虫指活动为害期或主要为害虫态生活在土壤中，主要为害作物种子、地下根茎等的一类害虫，也称土壤害虫。地下害虫主要有蛴螬、金针虫、蝼蛄、地老虎四大类，其为害最严重，面积广，具有常发性、灾害性。

（1）蛴螬类为害。取食萌发种子，咬断幼苗、根、茎，轻则缺苗、断垄，重则绝收。断口整齐、平截，成虫喜食叶片、嫩芽、花蕾、果实。习性：①趋光性；②假死性，受惊扰即假死坠地；③趋化性，粪、腐烂的有机物可招引产卵；④取食选择为花、叶片。

（2）金针虫类为害。以幼虫咬食种子、幼苗须根、主根或地下茎，病菌易侵入。一般多为害幼苗，主根很少被咬断，被害部位不整齐，呈丝状。成虫地面活动时间短，只吃一些禾谷类和豆类作物嫩叶，不造成为害。习性：①成虫喜食小麦叶片，食叶肉仅剩下纤维和表皮，食量小，喜吮吸折断麦茎或其他禾本科茎秆中液汁；②对新鲜而略萎蔫的杂草及作物枯枝落叶等腐烂、发酵气味有极强的趋性，群集于草堆下。

（3）蝼蛄类为害。最活跃，咬食种子、幼苗，造成缺苗断垄，喜食幼根、幼茎，扒成乱麻状或丝状，使幼苗生长不良甚至死亡。习性：①群集性；②趋光性；③趋湿性，蝼蛄跑湿不跑干，雨后为高峰。

（4）地老虎类为害。多食性，寄主范围广，粮、棉、蔬、烟、果树、林木都是寄主。1、2龄幼虫昼夜为害作物心叶或嫩叶、嫩茎。3龄后昼伏夜出，幼虫切断作物的幼茎、叶柄，严重时造成缺苗断垄。习性：趋光性；趋化性，喜食花蜜，蚜露，萎蔫杨树枝把，发酵酸甜气味（黄地趋化性弱）。对泡桐叶、花有一定趋性，但取食后生长不良。

防治方法：原则上以预防为主，综合治理。地下害虫地上治，成虫、幼虫综合治，田内、田外选择治。

（1）农业防治。①深翻，机械杀伤，暴晒，鸟雀啄食虫卵；②铲平沟坎荒坡，消灭滋生地；③轮作倒茬，地下害虫喜食禾谷类和块茎、块根类作物，不喜食棉花、芝麻、油菜、麻类等直根系作物；④合理施肥，要施用腐熟的有机肥，否则招引金龟甲、蝼蛄产卵；⑤适时灌水，春、夏适时灌水，使上升到土表的地下害虫下潜或死亡。

（2）化学防治。①种子处理：用药量低，环境安全；喷雾防治。②土壤处理：每亩用5%毒·辛颗粒剂1 500 g，或15%毒·辛颗粒剂500 g，或5%二嗪磷颗粒剂1 000 g兑少量水稀释后，与50 kg细砂土混合制成毒土，均匀撒施于地面后，使药剂能充分均匀地翻混到土壤的耕作层中，然后再整地、覆膜播种。③施毒饵：炒香的谷子、豆饼、米糠等杀灭蝼蛄和蟋蟀。④其他药剂处理，如喷粉、喷雾、涂茎、药枝诱杀等。

（3）生物防治：乳状杆菌防蛴螬、白僵菌、土蜂。

（4）物理防治：趋光性，黑绿单管双灯诱杀。

2. 昆虫在动物界中种类最多，数量最大，分布最广，是什么原因使其能如此昌盛繁衍？

①有翅能飞翔。②体躯小且有外骨骼。③繁殖能力强和生殖方式多样化。④口器的分化和食性多元化。⑤具变态和发育阶段性。⑥适应能力强。

3. 化学防治有何优缺点？

优点：①高效；②使用方便，投资少，不受地域、季节影响；③速效；④杀虫谱广；⑤杀虫剂可大规模工业化生产，品种、剂型多；⑥远距离运输，且可长期保存。

缺点：①长期广泛使用农药，易造成害虫产生抗性；②引起环境污染和人畜中毒；③广谱性杀虫剂在杀死害虫的同时，杀死天敌，造成主要害虫的再猖獗和次要害虫上升为主要害虫。④使用不当，容易产生作物药害。

4. 什么是农业防治？农业防治的优缺点有哪些？

农业防治是通过适宜的栽培措施降低有害生物种群数量或减少其侵染的可能性，培育健壮植物，增强植物抗害、耐害和自身补偿能力，或避免有害生物危害的一种植物保护措施。

优点：①投入少，可与其他措施相配套。②不污染环境，不杀伤天敌。③防治措施多样，能从多方面抑制害虫，防效具有稳定性和持久性。④可进行大规模的防治。

缺点：①农业防治必须服从丰产要求，不能单独从有害生物防治角度出发考虑问题。②农业防治往往在控制一些病虫害的同时，引发另一些病虫害的为害。③农业防治具有较强的地域性和季节性。④防效缓慢，不能及时解决问题。

5. 克服和防止害虫产生抗药性的主要方法有哪些？

（1）合理混用农药。

（2）换用新药剂。害虫对某种杀虫剂产生抗性之后，改用另一种杀虫剂，只要作用方式（杀虫机制）不同，就会基本消除对原来那种药剂的抗性，而收到较好的防治效果。

（3）交替轮换使用两种药剂。利用两种作用方式不同的药剂交替轮换使用，也是克服抗药性的一个办法。

（4）综合防治。少用化学防治，采用综合防治，可以克服或延缓抗药性的产生。

6. 玉米耕葵粉蚧的为害特点是什么？怎样防治？

玉米耕葵粉蚧为节肢动物门、昆虫纲、同翅目、粉蚧科、葵粉蚧属的昆虫。

形态特征：①雌成虫。体长 3～4.2 mm，宽 1.4～2.1 mm，长椭圆形而扁平，两侧缘近似于平行，红褐色，全身覆一层白色蜡粉。②雄成虫。雄成虫体长 1.42 mm，宽 0.27 mm，身体纤弱，全体深黄褐色。③卵。长 0.49 mm，长椭圆形，初橘黄色，孵化前浅褐色，卵囊白色，棉絮状。④若虫。共有两龄，一龄若虫体长 0.61 mm，无蜡粉；二龄若虫体长 0.89 mm，宽 0.53 mm，体表出现白蜡粉。⑤蛹。体长 1.1～1.2 mm，长形略扁，黄褐色。茧长形，白色柔密，两侧近平行。

为害特征：玉米耕葵粉蚧为害玉米植株下部，在近地表的叶鞘内、茎基部和根上吸取汁液。受害植株下部叶片、叶鞘发黄，叶尖和叶缘干枯；茎基部变粗、色泽变暗，根系松散细弱、变黑腐烂或肿大；植株生长缓慢、矮小细弱，平均株高只有健株的 1/2～3/4，严重受害的植株不能结实，甚至全株枯死。

发生规律：主要为害小麦、玉米等作物。以卵在卵囊中附在残留田间的玉米根茬上或土壤中残存的秸秆上越冬。越冬期 6～7 个月。每个卵囊中有 100 多粒卵，每年 9—10 月雌成虫产卵越冬。翌年 4 月中下旬，气温 17℃左右开始孵化，孵化期半个多月，初孵若虫先在卵囊内活动 1～2 d，以后向四周分散，寻找寄主后固定下来为害。若虫群集于玉米的幼苗根节或叶鞘基部外侧周围吸食汁液。受害植株细弱矮小，叶片变黄，个别出现黄绿相间的条纹，生长发育迟缓，严重的不能结实，甚至造成植株瘦弱枯死。耕葵粉蚧对寄主选择性强，主要为害玉米、小麦、谷子、高粱等禾本科作物及杂草，不为害双子叶作物。6月下旬始见虫株，7月上旬至8月上旬为发生为害盛期，9月上旬有一部分成虫、若虫从根部上移至1～6节的叶鞘内为害。以6叶期前的幼苗受害较重，灌溉条件较差的田块为害较重。

防治方法如下。

（1）玉米耕葵粉蚧主要为害禾本科植物，在该虫发生重的地区不种玉米，改种豆类和棉花，进行合理轮作。

（2）玉米、小麦收获后翻耕灭茬，注意把根茬携出田外集中烧毁。在玉米耕葵粉蚧严重地区不宜采用小麦—玉米二熟制栽培法。

（3）及时中耕除草，尤其要注意清除禾本科杂草，可减少寄主，减少虫源。

（4）加强肥水管理，增施鸡、鸭、牛、羊粪肥、复合肥和玉米专用肥，不仅促进寄主根系发育，提高寄主的抗病能力，而且对害虫有抑制作用。

（5）选用25%呋福种衣剂、35%克百威种衣剂等，按种子量的2%～3%进行包衣，与水、种子按1∶50∶500的比例进行拌种。

（6）用48%毒死蜱（乐斯本）1 000倍液（去掉喷雾器喷片），每株用药液量100～150 g，重点喷玉米下部叶鞘处和茎基部，并使药液渗到玉米根茎部。也可用40%辛硫磷乳油等内吸性杀虫剂500～1 000倍液喷施在玉米幼苗基部或灌根。

7. 玉米黏虫的为害特点是什么？怎样防治？

玉米黏虫属鳞翅目，夜蛾科。是玉米虫害中常见的主要害虫之一。

形态特征：成虫体长15～17 mm，翅展36～40 mm。头部与胸部灰褐色，腹部暗褐色。前翅灰黄褐色、黄色或橙色，变化很多；内横线往往只现几个黑点，环纹与肾纹褐黄色，界限不显著，肾纹后端有一个白点，其两侧各有一个黑点；外横线为一列黑点；缘线为一列黑点。后翅暗褐色，向基部色渐淡。卵长约0.5 mm，半球形，初产白色渐变黄色，有光泽。卵粒单层排列成行成块。老熟幼虫体长38 mm。头红褐色，头盖有网纹，额扁，两侧有褐色粗纵纹，略呈八字形，外侧有褐色网纹。体色由淡绿至浓黑，变化甚大（常因食料和环境不同而有变化）；在大发生时背面常呈黑色，腹面淡污色，背中线白色，亚背线与气门上线之间稍带蓝色，气门线与气门下线之间粉红色至灰白色。腹足外侧有黑褐色宽纵带，足的先端有半环式黑褐色趾钩。蛹长约19 mm，红褐色；腹部5～7节背面前缘各有一列齿状点刻；臀棘上有刺4根，中央2根粗大，两侧的细短刺略弯。

为害特点：玉米黏虫以幼虫暴食玉米叶片，严重发生时，短期内吃光叶片，造成减产甚至绝收。为害症状主要以幼虫咬食叶片。1～2 龄幼虫取食叶片造成孔洞，3 龄以上幼虫为害叶片后呈现不规则的缺刻，暴食时，可吃光叶片。大发生时将玉米叶片吃光，只剩叶脉，造成严重减产，甚至绝收。当一块玉米田被吃光，幼虫常成群列纵队迁到另一块田为害，故又名"行军虫"。一般地势低、玉米植株高矮不齐、杂草丛生的田块受害重。

发生规律：玉米黏虫是一种远距离迁飞性害虫，每年春季由南方省份迁入甘肃省，为害拔节孕穗期的小麦。5 月下旬，黏虫迁往我国北方地区发生为害。秋季随着气温下降，北方地区发生的玉米黏虫随高空气流回迁南方，一部分可能迁入甘肃省玉米产区，对甘肃省秋季玉米生产形成一定威胁。7 月中下旬以来，玉米黏虫在我国东北、华北地区玉米田相继大面积发生。

防治方法如下。

（1）防治关键时期。针对玉米黏虫短期内暴发成灾，3 龄后食量暴增、抗药性增强等特性，玉米黏虫防治应抓住幼虫 3 龄暴食为害前的关键防治时期，进行集中连片防治。在幼虫发生初期及时喷药，把幼虫消灭在 3 龄之前。

（2）药剂防治。玉米田虫口密度达 30 头/百株以上时，每亩可用 40%毒死蜱乳油 100 g 加水 50 kg，或 4.5%氯氰菊酯 50 mL 加水 30 kg，或 20%灭幼脲 3 号悬浮剂 500～1 000 倍液喷雾防治。

（3）施药时间。应在上午 9：00 以前或下午 17：00 以后，若遇雨天应及时补喷，要求喷雾均匀周到，田间地头、路边的杂草都要喷到。

8. 玉米蚜的为害特点是什么？怎样防治？

玉米蚜为节肢动物门、昆虫纲、同翅目、蚜科、缢管蚜属的一种昆虫。

（1）无翅雌蚜。无翅雌蚜一般体长为 1.8～2.2 mm。若蚜体色为淡绿色，成蚜为暗绿色，复眼为红褐色，触角 6 节；第 3、第 4、第 5 节没有感觉圈，腹管圆筒形，基部周围有黑色的晕纹，尾片乳突状，尾片及腹管均为黑色。

（2）有翅胎生雌蚜。有翅胎生雌蚜体长为 1.8～2.0 mm，翅展为 5.5 mm，体色为深绿色，头胸部黑色稍亮，复眼为暗红褐色，腹部颜色较深，近于黑绿色，腹部第 3、第 4 节两侧各有 1 个黑色小点；其头部触角 6 节，长度为体长的一半左右；第 3 节触角有圆形感觉圈 14～18 个，呈不规则排列，第 4 节有感觉圈 2～7 个，第 5 节有 1～3 个；翅透明，前翅中脉分为二叉，足为黑色；腹管为圆筒形，端部呈瓶口状，暗绿色且较短；尾片两侧各着生刚毛 2 根。

为害特点：以成蚜、若蚜刺吸植株汁液。苗期蚜虫群集于叶片背部和心叶造成为害。轻者造成玉米生长不良。严重受害时，植株生长停滞，甚至死苗。此外，春玉米蚜还会传播玉米矮花叶病毒病。玉米孕穗期，成蚜、若蚜聚集在雄花花萼及穗梗上、雌穗苞叶花丝及其上下邻叶上为害。蚜量大时，形成"黑穗"，使玉米雄花不能发育成熟和难以散粉、授粉，造成玉米雌穗出现明显的少行缺粒和"秃顶"。蚜虫分泌的大量"蜜露"下滴污染叶片，形成霉污，使玉米整株变黑，严重影响玉米光合作用的正常进行。同时蚜虫大量吸取汁液，使玉米植株水分、养分供应失调，影响正常灌浆，导致秕粒增多，粒重下降，甚至造成无棒"空株"。

发生规律：玉米蚜苗期开始为害、6月中下旬玉米出苗后，有翅胎生雌蚜在玉米叶片背面为害、繁殖，虫口密度升高以后，逐渐向玉米上部蔓延，同时产生有翅胎生雌蚜向附近株上扩散，到玉米大喇叭口末期蚜量迅速增加，扬花期蚜量猛增，在玉米上部叶片和雄花上群集为害，条件适宜为害持续到9月中下旬玉米成熟前。植株衰老后，气温下降，蚜量减少，后产生有翅蚜飞至越冬寄主上准备越冬。一般8—9月玉米生长中后期，均温低于28℃适其繁殖，此间如遇干旱、旬降水量低于20 mm，易造成猖獗为害。

防治方法如下。

（1）农业防治。采用麦棵套种玉米栽培的方式，能避开蚜虫繁殖的盛期，可减轻为害。

（2）药剂防治。用玉米种子重量0.1%的10%吡虫啉可湿性粉剂浸拌种，播后25 d防治苗期蚜虫、蓟马、飞虱效果优异。玉米进入拔节期，发现中心蚜株每亩用3%呋喃丹颗粒剂1.5 kg，均匀地灌入玉米心叶内，若怕灌不均匀，可在呋喃丹中掺入2～3 kg细砂混匀后进行。或选用20%氯虫苯甲酰胺悬浮剂4 000倍液、4.5%高效氯氰菊酯乳油30～50 mL或40%氯虫·噻虫嗪水分散粒剂8～12 g兑水30～45 kg，均匀喷雾。在玉米大喇叭口末期喷洒10%吡虫啉可湿性粉剂2 000倍液，或10%氯氰菊酯乳油2 500倍液进行防治。

9. 玉米叶螨的为害特点是什么？怎样防治？

玉米叶螨又称玉米红蜘蛛，属蛛形纲、蜱螨目、叶螨科。俗称大蜘蛛、大龙、砂龙等。玉米叶螨种类很多，主要有二斑叶螨、朱砂叶螨。

二斑叶螨雌成螨色多变，有浓绿、褐绿、黑褐、橙红等色；体背两侧各具1块暗红色长斑，有时斑块的中间部分色淡，分成前后两块。雌成螨体椭圆形，多为深红色，也有的黄棕色；越冬者橙黄色，较夏天体型肥大。雄成螨体近卵圆形，前端近圆形，腹末较尖，多呈鲜红色。卵球形，光滑，初无色透明，渐变橙红色，将孵化时出现红色眼点。幼螨初孵时近圆形，无色透明，取食后变暗绿色，眼红色，足3对。若螨前期螨体近卵圆形，色变深，体背出现色斑；后期若螨体黄褐色，与成虫相似。

朱砂叶螨雌成螨体椭圆形；体背两侧具有一块三裂长条形深褐色大斑。雄成螨体菱形，一般为红色或锈红色，也有浓绿黄色的，足4对。卵近球形，初期无色透明，逐渐变淡黄色或橙黄色，孵化前呈微红色。幼螨和若螨：卵孵化后为1龄，仅具3对足，称幼螨。幼螨蜕皮后变为2龄，又叫前期若螨，前期若螨再蜕皮，为3龄，称后期若螨，若螨均有4对足。雄螨一生只蜕1次皮，只有前期若螨。幼螨黄色，圆形，透明，具3对足。若螨体似成螨，具4对足。前期体色淡，后期体色变红。

为害特点：成螨、若螨聚集在玉米植株叶背处开始吸取叶片汁液，从而能够在叶背面和正面都看到针尖大小的红点，且其能够不断移动，最终造成整个叶片失绿、变黄、干枯。同时，在叶片表面上覆盖有不同大小的絮状物、网状物，植株的光合作用受到影响，导致玉米出现早衰、倒伏、干枯以及田间病害，严重时甚至出现绝收。

发生规律：玉米红蜘蛛一年发生10～15代，以雌成螨爬入杂草根下的土缝、树皮等处吐丝结网潜伏越冬。春季，随着气温的回升越冬成螨开始活动、取食、繁殖，5月玉米出苗后，在杂草上为害的玉米红蜘蛛陆续往玉米田转移。随着气温的升高，红蜘蛛繁殖加快，并逐步形成虫源中心，于6月中下旬扩散蔓延，为害日趋猖獗，7—8月形成为害交叉期，先在玉米田点状发生，适宜的气候条件将迅速蔓延全田甚至猖獗为害。在自然条件下，高温、低温环境很大程度上有助于玉米红蜘蛛的急剧增殖，当气温在22～30℃，相对湿度在60%以下时，适中气候条件越稳定，为害也越重，而在高温的情况下，种群数量会减少。降雨能影响红蜘蛛的生长发育和繁殖，凡降水量多、降水强度大时对玉米红蜘蛛有抑制作用。由此可见，红蜘蛛的发生与气候干燥因素密切相关。如果是干旱年份，一定要加强对红蜘蛛的田间调查，尤其是6月中下旬，更要严密监视，视气候及早防治。

防治方法如下。

（1）深翻土地，早春或秋后灌水，清除田间、田埂、沟渠旁的杂草，统一进行室内花卉灭蚜灭螨，减少越冬量；加强玉米水分管理，合理及时灌水，改善田间小气候。

（2）在越冬卵孵化前刮树皮并集中烧毁，刮皮后在树干涂白（石灰水）杀死大部分越冬卵。

（3）做好田间四周封锁和点片防治工作。加强调查，及早发现，统一田间四周封锁，防止虫源向玉米田块中转移；发现有叶螨迁入玉米地头为害时，对中心虫害株和玉米地头进行"封控"，切断其进一步扩散的源头，将叶螨控制在点片发生阶段。

（4）根据红蜘蛛越冬卵孵化规律和孵化后首先在杂草上取食繁殖的习性，早春进行翻地，清除地面杂草，保持越冬卵孵化期间田间没有杂草，使红蜘蛛因找不到食物而死亡。

（5）选择软性或生物农药科学化防。选择对天敌安全、与环境相容性农药进行有效防治，保护利用天敌，如5%噻螨酮乳油1 000～2 000倍液，1.8%阿维菌素乳油1 500～2 000倍液等。注意药剂轮换使用，延缓叶螨抗药性。另外，用15%哒螨灵乳油2 000～2 500倍液、或73%炔螨特乳油2 000～3 000倍液、或20%甲氰菊酯乳油1 000～2 000倍液、或20%复方浏阳霉素乳油1 000～2 000倍液、或20%双甲脒乳油1 000～1 500倍液、或2.5%高效氯氟氰菊酯乳油2 000～4 000倍液、或2.5%联苯菊酯乳油3 000～4 000倍液、或20%三氯杀螨醇乳油600～1 000倍液等喷雾防治，每隔7～10 d喷1次，连续2～3次。药剂应轮换使用，以免产生抗药性。

（6）由于玉米叶螨对蓝色、黄色具有趋向性，在叶螨发生初期到盛发期，将适量的45 cm×27 cm大小、涂上黄色和蓝色的木板或者纸板插置在玉米行间，包上透明塑料膜后再涂上黄油，对玉米叶螨进行诱杀。在玉米生长前期，由于叶螨主要集中为害植株基部的1～5片叶，可在该病发生初期将这些叶片剪去，并放在袋内统一处理。

（7）在玉米植株下部叶片发现有黄白色斑点时立即进行防治，如果为同时杀灭蚜虫等害虫，可混合使用杀螨剂和杀虫剂。注意药剂轮换使用，延缓叶螨抗药性。

10. 二点委夜蛾的为害特点是什么？怎样防治？

形态特征：二点委夜蛾属鳞翅目夜蛾科昆虫。二点委夜蛾的世代发育经过卵、幼虫、蛹、成虫，属完全变态。卵有纵脊，直径不足1 mm，呈馒头状，产后逐渐由黄绿色变为土黄色。幼虫黑褐色、黄灰色，体长1.4～1.8 cm，每个体节均有1个倒三角的深褐色斑纹，腹背至胸节具2条褐色背侧线。老熟幼虫头为黄褐色，体表为灰黄色，体长约20 mm。蛹最初为淡黄褐色，后期变为褐色，体长约10 mm，老熟幼虫入土吐丝化蛹。羽化后成虫体长为10～12 mm，翅展约20 mm，雌虫比雄虫略大。体表为灰褐色。前翅上带暗褐小点，环纹为一黑点，肾纹小，内外线暗褐色，边缘由黑点组成。后翅为白色，端区为深褐色。

为害特点：主要以幼虫躲在玉米幼苗周围的碎麦秸下或在25 cm的表土层为害玉米苗，一般一株有虫12头，多的达10～20头。在玉米幼苗3～5叶期的地块，幼虫主要咬食玉米茎基部，形成3～4 mm圆形或椭网形孔洞，切断营养输送，造成地上部玉米倾斜、倾倒或枯死。在玉米苗较大（8～10叶期）的地块，幼虫主要咬断玉米根部，包括气生根和主根。受害的玉米田，轻者玉米植株东倒西歪，重者造成缺苗断垄，玉米田中出现大面积空白地，玉米心叶萎蔫枯死。

发生规律：主要于 7 月初以幼虫为害夏玉米，幼虫喜欢阴暗潮湿环境，在碎的麦秸秆下为害，有假死性，当身体受惊吓后呈"C"形假死，聚集为害。1 年发生 2 代。其越冬和田间发生动态尚不清楚。

防治方法：防治工作要早防早控，当发现田间有个别植株发生倾斜时要立即开始防治。

（1）农业措施。及时清除玉米苗基部麦秸、杂草等覆盖物，消除虫害发生的有利环境条件。一定要把覆盖在玉米垄上的麦糠、麦秸全部清除到远离植株的玉米大行间并裸露出地面，便于药剂直接接触二点委夜蛾。清理麦秸、麦糠后，如果使用三六泵机动喷雾机，将喷枪调成水柱状，直接喷射玉米根部。同时要培土扶苗。对倒伏的大苗，在积极进行除虫的同时，不要毁苗，应培土扶苗，促使气生根健壮，恢复正常生长。

（2）化学防治。药饵诱杀：用甲氨基阿维菌素苯甲酸盐、氯虫苯甲酰胺等药剂配置药饵，于傍晚时，顺着垄放置在经过清垄的玉米根部周围，注意不要撒到玉米上。药剂喷雾：在玉米 6 叶期前，对大龄二点委夜蛾幼虫发生地块，可选用甲氨基阿维菌素苯甲酸盐、氯虫苯甲酰胺、核型多角体病毒等药剂，进行喷雾防治，顺着垄喷洒或用喷头直接喷淋根茎部。

11. 玉米灰飞虱的为害特点是什么？怎样防治？

形态特征：灰飞虱是半翅目飞虱科灰飞虱属的昆虫。长翅型雌虫体长 3.3～3.8 mm，短翅型体长 2.4～2.6 mm，浅黄褐色至灰褐色，头顶稍突出，长度略大于或等于两复眼之间的距离，额区具黑色纵沟 2 条，额侧脊呈弧形；前胸背板、触角浅黄色；小盾片中间黄白色至黄褐色，两侧各具半月形褐色条斑纹，中胸背板黑褐色，前翅较透明，中间生一褐翅斑；卵初产时乳白色略透明，后变浅黄色，香蕉形，双行排成块；末龄若虫体长 2.7 mm，前翅芽较后翅芽长，若虫共 5 龄。

为害特点：成虫、若虫均以口器刺吸叶片汁液为害，一般群集于稻丛中上部叶片，近年发现部分穗部受害亦较严重，虫口大时，植株汁液大量丧失而枯黄，同时因大量蜜露洒落附近叶片或穗上而滋生霉菌，但较少出现类似褐飞虱和白背飞虱的"虱烧""冒穿"等症状。

发生规律：灰飞虱是传播条纹叶枯病等多种水稻病毒病的媒介，所造成的为害常大于直接吸食为害，被害株表现为相应的病害特征。为害作物多为水稻、大麦、小麦、玉米、稗草、双穗雀稗。近年来，对玉米的为害正呈逐步上升的趋势。以若虫在麦田或河边等处禾本科杂草上越冬。翌年早春均温高于10℃越冬若虫羽化。发育适温15～28℃，冬暖夏凉易发生。天敌有稻虱缨小蜂等。在田间喜通透性良好的环境，栖息于植株的较高部位，并常向田边移动集中，因此田边虫量多。成虫喜在嫩绿、高大茂密的地块产卵。

防治方法如下。

（1）改善玉米生长环境。及时清除田间杂草，破坏灰飞虱栖息地。

（2）播种前，用70%噻虫嗪（锐胜）种衣剂按0.3%的种子量包衣，或用60%吡虫啉（高巧）种衣剂按0.6%的种子量包衣，对灰飞虱有很好的控制作用。

（3）玉米2～3叶期，发现虫害，每亩施用10%吡虫啉粉剂10 g加20%三氮唑核苷盐酸吗啉15 g加水30 kg混合喷雾。

（4）玉米生长中后期用玉米灰飞虱特效药防治，药剂有20%吡蚜酮，70%吡虫啉，90%敌敌畏，0.5%藜芦碱可湿性粉剂等。

12. 玉米棉铃虫的为害特点是什么？怎样防治？

玉米田棉铃虫别名玉米穗虫、棉桃虫、钻心虫、青虫、棉铃实夜蛾等，属鳞翅目，夜蛾科。

形态特征：成虫体长14～18 mm，翅展30～38 mm，灰褐色。前翅有褐色肾形纹及环状纹，肾形纹前方前缘脉上具褐纹2条，肾纹外侧具褐色宽横带，端区各脉间生有黑点。后翅淡褐至黄白色，端区黑色或深褐色。卵半球形，0.44～0.48 mm，初乳白后黄白色，孵化前深紫色。幼虫体长30～42 mm，体色因食物或环境不同变化很大，有淡绿、淡红至红褐色或黑紫色。绿色型和红褐色型常见。绿色型，体绿色，背线和亚背线深绿色，气门线浅黄色，体表面布满褐色或灰色小刺。红褐色型，体红褐或淡红色，背线和亚背线淡褐色，气门线白色，毛瘤黑色。腹足趾钩为双序中带，两根前胸侧毛连线与前胸气门下端相切或相交。蛹长17～21 mm，黄褐色，腹部第5～7节的背面和腹面具7～8排半圆形刻点，臀棘钩刺2根，尖端微弯。

为害特点：棉铃虫主要以幼虫蛀食为害。1代幼虫主要为害玉米心叶，排出大量颗粒状虫粪，造成排行穿孔。2代幼虫主要为害刚吐丝的玉米雌穗花丝、雄穗和心叶，蛀食花丝，影响授粉，形成"戴帽"；蛀食心叶与1代幼虫为害状相似，排出大量颗粒状虫粪，造成排行穿孔；为害雄穗，导致不能抽雄，影响授粉。3代幼虫主要蛀食玉米雌穗籽粒，排出大量虫粪，且被害部位易被虫粪污染，产生霉变，严重影响玉米的产量和品质。

发生规律：成虫始见于6月上中旬，中下旬盛发；第二代成虫始见于7月上中旬，盛发于中下旬；第三代成虫始见于 8 月上中旬。以第四代滞育蛹越冬。年生 3 代，以蛹在土中越冬，翌春气温达 15℃ 以上时开始羽化。5 月上中旬进入羽化盛期。1 代卵见于 4 月下旬至 5 月底，1 代成虫见于 6 月初至 7 月初，6 月中旬为盛期，7 月为 2 代幼虫为害盛期，7 月下旬进入 2 代成虫羽化和产卵盛期，所孵幼虫于 10 月上中旬老熟入土化蛹越冬。第一代主要于麦类、豌豆、苜蓿等早春作物上为害，第二、第三代为害棉花，第三、第四代为害番茄等蔬菜。成虫昼伏夜出，对黑光灯趋性强，萎蔫的杨柳枝对成虫有诱集作用，卵散产在嫩叶或果实上，每雌可产卵 100～200 粒，多的可达千余粒。产卵期历时 7～13 d，卵期 3～4 d，孵化后先食卵壳，脱皮后先吃皮，以低龄幼虫食嫩叶，2 龄后蛀果，蛀孔较大，外具虫粪，有转移习性，幼虫期 15～22 d，共 6 龄。老熟后入土，于 3～9 cm 处化蛹。蛹期 8～10 d。该虫喜温喜湿，成虫产卵适温 23℃ 以上，20℃ 以下很少产卵，幼虫发育以 25～28℃ 和相对湿度 75%～90% 最为适宜。北方湿度对其影响更为明显，月降水量高于 100 mm，相对湿度 70% 以上为害严重。

防治方法如下。

（1）及时秋耕冬灌，中耕灭蛹。玉米田收获后及时移除秸秆，及时进行深翻耙地，实行秋后冬灌，减少越冬基数。麦收后地块及时进行中耕灭蛹。

（2）用杨树枝把诱杀成虫。利用棉铃虫成虫对杨树枝叶的趋性，在玉米田附近用杨树枝叶插把，引诱蛾同时进行人工捕杀的方法，是简单易行、行之有效的综合防治棉铃虫措施之一，可降低孵化率 20% 左右。

（3）在玉米地块边安装黑光灯、高压汞灯或其他灯具诱杀（捕）成虫。特别是高压汞灯诱杀棉铃虫成虫效果显著，可降低落卵量 30%～40%。对 2 代棉铃虫的诱杀效果最好，控制效果达 50%～60%。

（4）在幼虫 3 龄以前，用 10% 高效氯氰菊酯乳油 2 000 倍液，或 75% 硫双威（拉维因）可湿性粉剂 1 500 倍液，或 48% 毒死蜱（乐斯本）乳油 500 倍液喷雾，隔 7 d 再防治 1 次。

13. 蛴螬的为害特点是什么？怎样防治？

蛴螬是金龟子或金龟甲的幼虫，俗称鸡蠊虫等。成虫通称为金龟子或金龟甲。为害多种植物和蔬菜。

形态特征：蛴螬体肥大，较一般虫类大，体型弯曲呈 "C" 形，多为白色，少数为黄白色。头部褐色，上颚显著，腹部肿胀。体壁较柔软多皱，体表疏生细毛。头大而圆，多为黄褐色，生有左右对称的刚毛，刚毛数量的多少常为分种的特征。如华北大黑鳃金龟幼虫为 3 对，黄褐丽金龟幼虫为 5 对。蛴螬具胸足 3 对，一般后足较长。腹部

10 节，第 10 节称为臀节，臀节上生有刺毛，其数目的多少和排列方式也是分种的重要特征。

为害特点：蛴螬对果园苗圃、幼苗及其他作物的为害主要是春秋两季最重。蛴螬咬食幼苗嫩茎，薯芋类块根被钻成孔眼，当植株枯黄而死时，它又转移到别的植株继续为害。此外，因蛴螬造成的伤口还可诱发病害。其中植食性蛴螬食性广泛，为害多种农作物、经济作物和花卉苗木，喜欢食用刚播种的种子、根、块茎以及幼苗，是世界性的地下害虫。蛴螬的成虫取食花粉，直接影响花粉量。

发生规律：蛴螬 1~2 年 1 代，幼虫和成虫在土中越冬，成虫即金龟子，白天藏在土中，晚上 20:00—21:00 进行取食等活动。蛴螬有假死和负趋光性，并对未腐熟的粪肥有趋性，喜欢生活在甘蔗、木薯、番薯等肥根类植物种植地。幼虫蛴螬始终在地下活动，与土壤温、湿度关系密切。当 10 cm 土温达 5℃ 时开始上升土表，13~18℃ 时活动最盛，23℃ 以上则往深土中移动，至秋季土温下降到其活动适宜范围时，再移向土壤上层。成虫交配后 10~15 d 产卵，产在松软湿润的土壤内，以水浇地最多，每头雌虫可产卵 100 粒左右。蛴螬年生代数因种、因地而异。这是一类生活史较长的昆虫，一般一年一代，或 2~3 年 1 代，长者 5~6 年 1 代。

防治方法如下。

（1）定植后发现幼苗被害可挖出土中的幼虫；利用成虫的假死性，在其停落的作物上捕捉或震落捕杀。

（2）不施未腐熟的有机肥料。

（3）精耕细作，及时镇压土壤，清除田间杂草。

（4）发生严重的地区，秋冬翻地可把越冬幼虫翻到地表使其风干、冻死或被天敌捕食，机械杀伤，防效明显。

（5）药剂处理土壤。用 50% 毒死蜱乳油 250 mL，进行均匀搅拌，种植前同底肥混合，均匀撒开，防效可达到 80 d 以上，或将该毒土撒于种沟或地面，随即耕翻或混入厩肥中施用。

（6）可顺水冲施 0.3% 苦参碱水剂，每亩 1 000 mL，或者每亩用噻虫胺 800~1 000 mL。

（7）毒饵诱杀。每亩均匀撒施噻虫胺颗粒剂 3.5 kg，每亩撒施毒死蜱颗粒剂 20 kg。

（8）当田间大量发生蛴螬，每平方米超过 5 头，对庄稼的为害就会明显上升，这时需要加大防治力度。可以使用 0.3% 苦参碱水剂或每亩施入 800~1 000 mL 噻虫胺，以防止庄稼受到更大的经济损失。

14. 地老虎的为害特点是什么？怎样防治？

地老虎是昆虫纲鳞翅目夜蛾科昆虫。在中国常见的种类有小地老虎、黄地老虎、大地老虎和白边地老虎等。

（1）小地老虎。成虫体长16～23 mm，翅展42～54 mm。触角雌蛾丝状，双栉齿状，栉齿仅达触角之半，端半部则为丝状。前翅黑褐色，亚基线、内横线、外横线及亚缘线均为双条曲线；在肾形斑外侧有一个明显的尖端向外的楔形黑斑，在亚缘线上有2个尖端向内的黑褐色楔形斑，3斑尖端相对，是其最显著的特征。后翅淡灰白色，外缘及翅脉黑色。卵馒头形，直径0.61 mm，高0.5 mm左右，表面有纵横相交的隆线，出产时乳白色，后渐变为黄色，孵化前顶部呈现黑点。老熟幼虫体长37～47 mm，头宽3.0～3.5 mm。黄褐色至黑褐色，体表粗糙，密布大小颗粒。头部后唇基等边三角形，颅中沟很短，额区直达颅顶，顶呈单峰。腹部18节，背面各有4个毛片，后2个比前2个大一倍以上。腹末臀板黄褐色，有两条深褐色纵纹。蛹体长18～24 mm，红褐色或暗红褐色。腹部第47节基部有2刻点，背面的大而色深，腹末具臀棘1对。

（2）黄地老虎。成虫体长14～19 mm，翅展32～43 mm；前翅黄褐色，肾状纹的外方无黑色楔状纹。卵半球形，直径0.5 mm，初产时乳白色，以后渐现淡红斑纹，孵化前变为黑色。老熟幼虫体长32～45 mm，淡黄褐色；腹部背面的4个毛片大小相近。蛹体长16～19 mm，红褐色。

（3）大地老虎。成虫体长20～23 mm，翅展52～62 mm；前翅黑褐色，肾状纹外有一不规则的黑斑。卵半球形，直径1.8 mm，初产时浅黄色，孵化前呈灰褐色。老熟幼虫体长41～61 mm，黄褐色；体表多皱纹。蛹体长23～29 mm，腹部第4～7节前缘气门之前密布刻点。分布也较普遍，常与小地老虎混合发生；以长江流域地区为害较重。中国各地均一年发生1代。

（4）白边地老虎。成虫体长17～21 mm，翅展37～45 mm；前翅的颜色和斑纹变化大，由灰褐色至红褐色，一种为白边型，前翅前缘有白色至黄色的淡色宽边；另一种是暗化型，前翅深暗无白色宽边。卵半圆球形，直径0.7 mm，初产时乳白色，孵化前呈灰褐色。老熟幼虫体长35～40 mm，体表光滑无微小颗粒；头部黄褐色有明显"八"字纹。蛹体长18～20 mm，黄褐色，腹部第4～7节前缘有许多小刻点。主要分布于内蒙古、河北和黑龙江的部分地区，全年发生1代。

为害特点：地老虎低龄幼虫在植物的地上部为害，取食子叶、嫩叶，造成孔洞或缺刻。中老龄幼虫白天躲在浅土穴中，晚上出洞取食植物近土面的嫩茎，使植株枯死，造成缺苗断垄，甚至毁苗重播，直接影响生产。

发生规律：成虫白天栖息在杂草、土堆等荫蔽处，夜间活动，趋化性强，喜食甜酸味汁液，对黑光灯也有明显趋性。在叶背、土块、草棒上产卵，在草类多、温暖、潮湿、杂草丛生的地方，虫头基数大。凡是土质疏松、团粒结构好、保水性强的壤土、黏壤土、砂壤土更适宜发生，尤其是上年被水淹过的地方发生量大，为害更严重。幼虫夜间为害，白天栖在幼苗附近土表下面，有假死性。一年中春秋两季为害，幼虫为害最重，春季为害重于秋季。成虫昼伏夜出，具较强趋光性和趋化性。

防治方法如下。

（1）在秋季农作物收获后，要深翻土地将土面翻松 20~25 cm，使地下害虫及卵裸露在地表晒死冻死。

（2）清除田间及周围杂草，减少地老虎雌蛾产卵的场所，减轻幼虫为害。

（3）对于可短期灌水的苗圃，在地老虎大量发生时，将苗圃灌水 1~2 d，可淹死大部分地老虎，或者迫使其外逃，人工进行捕杀。

（4）春耕多耙，消灭土壤中的地老虎卵粒；秋季对深翻土壤暴晒 2~3 d，杀死隐藏在土壤中的幼虫和蛹，减少越冬基数。

（5）可用炒熟的棉籽饼切碎，再用 50% 的敌敌畏溶液均匀喷洒在棉籽饼上作为诱饵，来捕杀幼虫。

（6）用泡桐树叶诱杀，也可用灰菜、苜蓿、艾蒿、青蒿等混合，在傍晚的时候，以小堆的方式放置在菜地，第二年清晨捕杀堆内幼虫。

（7）诱杀防治。根据小地老虎具有趋光和趋化性的特点，在成虫盛发期，利用黑光灯或糖醋液（糖 6 份、醋 3 份、白酒 1 份、水 10 份、90% 敌百虫晶体 1 份混合调匀）进行诱杀。

15. 蝼蛄的为害特点是什么？怎样防治？

蝼蛄是节肢动物门、昆虫纲、直翅目、蝼蛄科昆虫的总称。

蝼蛄的为害表现在两个方面，即间接为害和直接为害。直接为害是成虫和若虫咬食植物幼苗的根和嫩茎；间接为害是成虫和若虫在土下活动开掘隧道，使苗根和土壤分离，造成幼苗干枯死亡，致使苗床缺苗断垄，育苗减产或育苗失败。蝼蛄食性广，不仅采食植物叶片，还采食根、茎。温度影响蝼蛄采食，20℃ 以下，随着温度降低，采食量逐渐减少，活动也逐渐减少，5℃ 时蝼蛄几乎不再活动，20~25℃ 有利于蝼蛄采食，高于 25℃，采食量又开始下降。初孵若虫有群集性，怕光、怕风、怕水，孵化后 3~6 d 群集一起，以后分散为害。蝼蛄具有强烈的趋光性，在 40 W 黑光灯下可诱到大量蝼蛄，且雌性多于雄性。据观察，蝼蛄对水银灯也有较强的趋性。蝼蛄喜欢在潮湿的土中生活。有"跑湿不跑干"的习性，它栖息在沿河两岸、渠道河旁、苗圃的低洼地、水浇地等处。

防治方法如下。

（1）蝼蛄趋光性强，可用黑光灯、水银灯、频振诱虫灯、太阳能诱虫灯诱杀，效果较好，能杀死大量的有效虫源。晴朗无风、闷热的天气诱集量最多。

（2）从整地到苗期管理，本着预防为主。深翻土地、适时中耕、清除杂草、改良盐碱地、不施用未腐熟的有机肥等，创造不利于害虫发生的环境条件。

（3）人工捕杀。在春季蝼蛄苏醒尚未迁移时，扒开虚土堆扑杀。蝼蛄可以食用和药用，做好广泛宣传，可调动广大群众人工捕捉的积极性，发挥更大作用（但也不能食用过多，蝼蛄有小毒）；结合灯光诱集后人工捕杀效果更好。

（4）毒饵诱杀。将喹硫磷稀释 1 000 倍液，或用 50% 二嗪磷乳油 1 kg 再与 30～50 kg 炒香的麦麸、豆饼、棉籽饼或煮半熟的秕谷等拌匀，搅拌时可加适量水，以拌潮为宜（以麦麸为例，用手一握成团，手指一戳即散便可），制成毒饵。每亩用 3～5 kg 毒饵，于傍晚（无风闷热的傍晚效果最好）成小堆分散施入田间，可诱杀蝼蛄。也可在播种时将毒饵施入播种沟（穴）中诱杀蝼蛄。

16. 金针虫的为害特点是什么？怎样防治？

金针虫是鞘翅目、叩甲科昆虫幼虫的统称，又称铁丝虫、铁条虫、蚰虫。玉米上为害的主要种类有沟金针虫、细胸金针虫、褐纹金针虫。

形态特征：成虫体长 8～9 mm 或 14～18 mm，依种类而异。体黑或黑褐色，头部生有 1 对触角，胸部着生 3 对细长的足，前胸腹板具 1 个突起，可纳入中胸腹板的沟穴中。头部能上下活动似叩头状，故俗称"叩头虫"。幼虫体细长，25～30 mm，金黄或茶褐色，有光泽，故名"金针虫"。身体生有同色细毛，3 对胸足大小相同。

为害特性：以幼虫长期生活于土壤中，主要为害禾谷类、薯类、豆类、甜菜、棉花及各种蔬菜和林木幼苗等。幼虫能咬食刚播下的种子，食害胚乳使其不能发芽，如已出苗可为害须根、主根和茎的地下部分，使幼苗枯死。主根受害部位不整齐，还能蛀入块茎和块根。

发生规律：沟金针虫一般 3 年完成 1 代，老熟幼虫于 8 月上旬至 9 月上旬，在 13～20 cm 土中化蛹，蛹期 16～20 d，9 月初羽化为成虫，成虫一般当年不出土，在土室中越冬，翌年 3—4 月交配产卵，卵 5 月初开始孵化。由于生活历期长，环境多变，金针虫发育不整齐，世代重叠严重。细胸金针虫一般 6 月下旬开始化蛹，直至 9 月下旬。金针虫随着土壤温度季节性变化而上下移动，春、秋两季表土温度适合金针虫活动，上升到表土层为害，形成两个为害高峰。夏季、冬季则向下移动越夏越冬。如果土温合适，为害时间延长。当表土层温度达到6℃左右时，金针虫开始向表土层移动，土温7~20℃是金针虫适合的温度范围，此时金针虫最为活跃，土温是影响金针虫为害的重要因素。春季雨水适宜，土壤墒情好，为害加重，春季少雨干旱时为害轻，同时对成虫出土和交配产卵不利；秋季雨水多，土壤墒情好，有利于老熟幼虫化蛹和羽化。

防治方法如下。

（1）改变地下害虫的适生环境。结合对农田的基本建设，适时翻耕，改造低洼易涝地，改变地下害虫的发生环境，这是防治的根本措施。

（2）除草灭虫。消除杂草可消灭地下害虫成虫的产卵场所，减少幼虫的早期食物来源。

（3）灌水灭虫。在地下害虫发生时，及时浇灌可有效防治。

（4）合理施肥。增施腐熟肥，能改良土壤，促进作物根系发育、壮苗，从而增强抗虫能力。

（5）性信息素诱杀。金针虫成虫已经出土，可利用性信息素诱集，是金针虫种群动态监测和防治的重要手段。

（6）药剂拌种。用毒死蜱等，按种子重量的0.2%~0.25%称取药剂，加适量水稀释，与种子拌匀后堆闷半天晾干后播种。

17. 玉米蓟马的为害特点是什么？怎样防治？

蓟马为节肢动物门、昆虫纲、缨翅目的统称，是蓟马科的小型昆虫。对水稻、玉米、高粱等有很大危害。

形态特征：雌成虫分为长翅型、半长翅型和短翅型。体小，暗黄色，胸部有暗灰斑。前翅呈灰黄色，长而窄，翅脉少但显著，翅缘毛长。半长翅型的翅长仅达腹部第五节，短翅型翅略呈长三角形的芽状。卵呈肾形，乳白色至乳黄色。若虫体色为乳青色或乳黄色，体表有横排隆起颗粒。蛹或前"蛹"（即第三龄若虫）体淡黄色，有翅芽为淡白色，蛹羽化时呈褐色。

为害特点：蓟马主要吸食植物嫩叶为害，被害的嫩叶、嫩梢变硬卷曲枯萎，叶背面出现长条状或斑点状黄白、银灰色斑块，后期斑块失绿、黄枯、叶脉变黑褐色，叶片逐渐皱缩、干枯。花器受害，初为白斑，后期变褐色，逐渐枯萎。植株生长缓慢，节间缩短，严重影响产量和品质。

发生规律：玉米上发生2代，行孤雌生殖，主要是成虫取食玉米造成为害。盛发为害期在6月中旬，该时正值麦收季节易被忽视而造成严重损害。黄朵蓟马主要是苗期为害重，在玉米上心叶上发生数量较大，过此时期数量渐趋下降。春玉米和中茬玉米在 6 月下旬已过心叶期或心叶末期时，蓟马便转向处于苗期的夏播玉米和高粱上为害。蓟马成虫怕强光，多在背光场所集中为害，阴天、早晨、傍晚和夜间才在寄主表面活动。喜欢温暖干旱的天气。蓟马成虫和若虫以口器锉吸植株幼嫩组织汁液为食。蓟马的雌成虫主要通过孤雌生殖，偶有两性生殖，极难见到雄虫。将卵散产于叶肉组织内，每个雌虫产卵 22～35 粒，卵期在 5—6 月，雌成虫寿命 8～10 d。

防治方法如下。

（1）合理密植，适时浇灌，及时清除杂草，有效减轻蓟马为害。

（2）利用蓟马趋蓝色的习性，在田间设置蓝色黏板，诱杀成虫，黏板高度与作物持平。

（3）为害严重地区一般可选 2.5% 多杀菌素悬浮剂 1 000～1 500 倍液，或 22% 毒死蜱·吡虫啉乳油 2 500 倍液，或 20% 氰戊菊酯乳油 3 000 倍液，或 10% 吡虫啉可湿性粉剂 2 000～4 000 倍液叶面喷雾防治，7～10 d 施用 1 次，连喷 2～3 次。为确保药效，尽量选择持效期长的药剂，并使用黏着剂等辅助性药剂。

18. 甜菜叶蛾的为害特点是什么？怎样防治？

甜菜夜蛾是鳞翅目夜蛾科昆虫，别名夜盗蛾、菜褐夜蛾、玉米夜蛾。是一种世界性顽固害虫，甜菜夜蛾主要为害葱、玉米、豇豆、蕹菜、萝卜、白菜、莴笋、甘蓝、四季豆等作物。

形态特征：成虫体长 10～14 mm，翅展 25～34 mm。头胸及前翅灰褐色，前翅基线仅前端可见双黑纹，内、外线均双线黑色，内线波浪形，剑纹为一黑条。环、肾纹呈粉黄色，中线黑色波浪形，外线锯齿形，双线间的前后端白色，亚端线白色锯齿形，两侧有黑点；后翅白色，翅脉及端线黑色。腹部浅褐色。雄蛾抱器瓣宽，端部窄，抱钩长棘形，阳茎有一长棘形角状器。幼虫体色变化很大，有绿色、暗绿色、黄褐色、黑褐色等，腹部体侧气门下线为明显的黄白色纵带，有时呈粉红色。成虫昼伏夜出，有强趋光性和弱趋化性，大龄幼虫有假死性，老熟幼虫入土吐丝化蛹。卵圆馒头形，白色，表面有放射状的隆起线。幼虫体长约 22 mm。体色变化很大，有绿色、暗绿色至黑褐色。腹部体侧气门下线为明显的黄白色纵带，有的带粉红色，带的末端直达腹部末端，不弯到臀足上去。蛹体长 10 mm 左右，黄褐色。

为害特点：初孵幼虫结疏松网在叶背群集取食叶肉，受害部位呈网状半透明的窗斑，干枯后纵裂：三龄后幼虫开始分群为害，可将叶片吃成孔洞、缺刻，严重时全部叶片被食尽，整个植株死亡。四龄后幼虫开始大量取食，蛀食茎秆等。

发生规律：北方地区一年发生3～4代。世代重叠严重，以蛹在7～10 cm的土中滞育越冬，华南地区无越冬现象。成虫白天躲在杂草及作物的隐蔽处，夜间活动，以20：00—23：00活动最盛，有趋光性。每头雌虫可产卵5块左右（100～600粒），产卵期3～5 d。幼虫共5龄，高龄幼虫体长24～28 mm，初孵幼虫一般在叶背取食，稍大后分散，3龄后进入暴食期，抗药性增强，幼虫有假死性，虫口密度过大时，会自相残杀，白天常潜伏在土缝、土表层或植物基部及心叶中。

防治方法如下。

（1）轮作倒茬，减少甜菜夜蛾产卵场所及转移寄主；中耕除草，结合田间管理，摘除卵块及初孵幼虫食害的叶片，带出田外集中销毁，可消灭大量卵块和幼虫；收获后应及时清田。

（2）甜菜夜蛾成虫对黑光灯和糖醋酒液有强烈的趋性，喜欢飞向黑光灯和糖醋酒液，使用黑光灯和糖醋酒液可有效诱杀成虫。

（3）尽量在3龄幼虫前喷施16%甲维·印虫威悬浮剂4 000倍液防治，或15%高效氯氟氰菊酯微乳剂2 000倍液，或35%氯虫苯甲酰胺水分散粒剂5 000倍液。注意喷药时间应在清晨或傍晚，阴天全天都可施药。喷药时，应使药液充分雾化，均匀喷洒叶片。

19. 玉米钻心虫打药的最佳时间是什么？

玉米钻心虫学名为玉米螟。防治玉米钻心虫应在虫龄3龄之前，宜在玉米大喇叭口期防治。在7月上中旬，以下午16：00防治最好。也可采用田间化学防治，可分为两个时期进行，即心叶末期和穗期。心叶末期防治：有虫株率达10%时，建议使用2.5%敌百虫颗粒剂沾心叶，或用25%西维因可湿性粉剂按1：50混细土配成毒土，每株2 g撒入心叶。穗期防治：抽穗后用18%杀虫双水剂500倍液，按每株10 mL的用量灌注露雄期的玉米雄穗，或用氯虫苯甲酰胺，或高效氯氰菊酯等兑水稀释后喷施在玉米上。

第九章

制种玉米种子收获、加工、贮藏的问题与解析

1. 制种玉米田间测产的方法有哪些？

理论产量：万亩高产田取 90 个测产样点。每个样点 67 m²，计算每亩株数，在每个测定样段内每 5 穗收取 1 个果穗，共收 20 穗，作为样本测定穗粒数，计算平均穗粒数。理论产量（kg/亩）= 亩收获穗数×平均穗粒数×百粒重×0.85。

实收测产：将万亩示范点划为 10 片，每片随机取 3 个地块，每个地块取样点 6 行，面积≥67 m²。每个样点收获全部果穗，选取 20 个果穗作为标准样本测定鲜穗出籽率和含水率，称重、脱粒并称籽粒重量。实测产量（kg/亩）= 收获鲜穗重×鲜穗出籽率（%）÷收获样点实际面积×666.7×［籽粒含水率（%）］÷13%。

2. 制种玉米果穗采收后，应注意哪些事项？

玉米成熟后要尽快收获，否则容易引起老鼠等有害动物的啃食和破坏，另外掰下的玉米棒子要尽快剥去外边干枯的外皮，经晾晒后用机器脱粒，使种子含水量达 14%以下，晾晒过程中应注意防雨淋和鼠害。另外，要注意用具的使用，尽可能避免操作中损伤种子。

3. 玉米收获后应怎样进行籽粒的管理？

（1）脱粒。北方玉米收获时气温已比较低，致使刚收获的玉米籽粒含水量较大，一般为 20%～35%，同时，同一果穗顶部和基部授粉时间不同，导致玉米籽粒的成熟度不同，脱粒时很容易产生破碎籽粒，故脱粒前要先将玉米果穗晾晒或风干，使籽粒

含水量降低到20%以下。目前农村脱粒机械主要依赖大型农场或规模经营企业，多以大型脱粒机为主。大型脱粒机功率大、效率高，每小时脱粒2 500～3 500 kg，脱下的籽粒经过风选，可清除杂质、纯净籽粒。脱出的籽粒按等级分别堆积和装袋。

（2）籽粒晾晒。收获后要迅速降低籽粒含水量，防止发热、霉烂。当前生产上主要利用太阳能晾晒籽粒。晾晒场地应坚硬平坦、阳光充足、通风良好，如水泥场地、平房房顶等。籽粒摊放厚度以3～5 cm为宜。要注意翻动粮层，加速干燥，籽粒含水量达到安全水分限度时，用扬场机或以人工扬法清除籽粒中的杂质，操作过程中严防籽粒机械混杂。

（3）贮藏。贮藏的要求是保持应有的颜色、气味和其他性质，不得有虫蛀、鼠咬、发霉、腐烂等情况发生。贮藏的条件是，应保持贮藏库干净、干燥，并应有通风设备，种子入库前用药剂消毒；要经过筛选，去掉杂质，含水量低于14%；种子入库时按品种及等级分别贮藏，不得混堆混放；贮藏过程中经常进行检查，定期测定种子含水量和温度变化，并根据天气情况，调节库内温、湿度，一发现过热或发霉现象应立即晾晒或倒垛；要有防火、防腐、防鼠设施。

4. 50℃下烘干玉米种子，种子会死亡吗？

会死亡。因为种子发芽需要适合的温度，适合的水分。烘干的种子破坏了其细胞和组织结构，破坏了酶的活性，导致种子坏死。在种子加工上，收获的种子进行烘干降水，温度一般控制在40～42℃。

5. 玉米进行单粒播种，对种子质量的要求是什么？

玉米单粒播种对种子质量要求比较高，进行单粒播种要求种子健康，粒形完整，色泽好，发芽率高于93%，纯度高于97%，水分不高于13%。

6. 玉米种子能采用真空包装吗？保质期多久？

玉米种子是可以采用真空包装的。通常保质期为2～3年，如果保存条件良好，在阴凉、通风干燥处保存，不受阳光直射以及潮湿等外界因素影响，基本上两年以内都可以正常种植，不会影响发芽率。

7. 玉米种子能否在水泥地板上晾晒？

初秋的温度可高达30～35℃，若把温度计放在水泥地上晒，就会一下子飙升到50～55℃。虽然种子收获后处于休眠期，但也是有生命的个体，里面含有多种营养成分和酶，干燥温度37℃左右是合适的，若超过50℃，种子的寿命会下降。到9月下旬以后，气温下降，水泥地上的温度在50℃以下，可在水泥地板上晾晒。因此，可根据当地的温度条件，决定能否在水泥地板上晾晒，否则种子发芽率会降低。

8. 糯玉米种子保质期多久？

一般是一年，当年的玉米种子要当年用。如果第二年用，田间出苗率低，而且玉米结穗率也低，穗小，产量低。另外，陈种子经过一年左右的时间，自身水分会有所降低，种子内部已经没有了生命力，会影响出苗。

9. 怎样贮藏玉米种子？

（1）粒藏法。即脱粒玉米入仓贮藏。此法仓容利用率高，如仓库密闭性能好，种子处在低温干燥的条件下，可以较长期贮藏而不影响生活力。粒藏法的要点是：干燥贮藏，严控种子入库水分，入库后严防种子吸湿回潮，在一般仓库条件下，种子含水量不能超过13%。

（2）穗藏法。一般相对湿度低于80%的地区，以穗藏为宜，其优点是：新收获的玉米果穗，穗轴内的营养物质可以继续运送到籽粒内，使种子达到充分成熟，且可在穗上继续进行后熟；穗与穗间孔隙度大，便于空气流通，堆内湿气较易散发，高水分玉米经过一个冬季自然通气，可将水分降至安全水分以内，至第二年春季即可脱粒，再进行密闭贮藏；籽粒在穗轴上着粒紧密，外有坚韧果皮，能起到一定的保护作用，除果穗两端的小量籽粒可能发霉或被虫蛀蚀外，中间部分种子生活力不受影响，所以生产上常采用这部分种子作播种材料。

10. 玉米种子的加工流程是怎样的？

典型的工艺流程如下：果穗入料→机械剥皮→选穗→烘干→脱粒→预清→暂存→清选→分级→比重选→包衣→包装→入库。即：玉米种子由大型运输车辆从产地运至加工厂，利用专门的接、卸料设备使果穗由皮带输送机均匀送至剥皮、选穗系统。通过果穗分配装置，果穗进入剥皮机除去苞叶和絮状毛，随后进入选穗台。没有剥净的返回剥皮机，不合格的果穗被剔除。好果穗继续送往烘干系统，由专用布料输送机分送各烘干仓。烘干后的果穗先脱粒，然后预清，再进入暂存仓。种子清选分级时，先由暂存仓输送至风筛清选机，随后由分级机分级，分级后的种子进入各自暂存仓。暂存仓后接重力式选种机（比重选）。重力选剔除轻籽后，好种子送包衣机包衣，再经计量、包装、堆垛后入库，整个加工工序完成。

11. 玉米籽粒收获后，籽粒破损率高的原因是什么？

籽粒破损率高的原因有：①脱粒装置间隙过小或滚筒转速过高。②凹板与滚筒间隙过小。③凹板或者纹杆滚筒损坏时也会造成破碎，返回滚筒的杂质过多。④玉米种子含水率过高造成果穗折断和破碎。⑤使用工具欠合理。如在种子加工过程中使用硬度较高的农具。

12. 玉米果穗收获后如何晾晒？

（1）就地扒皮晾晒。在玉米成熟后（蜡熟后期）开始脱水时，把田间每一植株果穗苞叶撕开，将果穗裸露在外，可加快果穗的脱水速度，等水分降低后再收获。就地扒皮还能预防穗腐病的发生。这种方法不错但耗时费工，同时也不能晾太干，否则收获时易掉粒。

（2）果穗挂秆晾晒。玉米成熟后，砍掉果穗上部茎秆，直接晾晒果穗，这种方法操作简单，便于实施，但要求玉米品种抗倒性好，周围环境好，鼠害少。

（3）果穗装笼晾晒。玉米收获后，在院子里晾晒2～3 d，然后把果穗装入铁丝笼或木杆围成的栅栏里，让果穗慢慢脱水，在装笼时要求果穗水分降到一定程度，否则果穗容易发霉。

（4）果穗装袋晾晒。玉米收获后，在庭院晾晒2～3 d后直接把果穗装入网袋，然后堆垛，这种方法节省空间，简便易行，遇雨雪也好管理，但要求果穗水分相对较低时再装袋，否则会引起霉变。

（5）果穗挂秆晾晒。果穗带皮收获，留少量苞叶，3～5个果穗相互绑在一起，挂在杆子、木柱或树枝上晾晒，通风效果好，脱水快，这种方法简单易行，不受空间限制，可就地取材，适合果穗量小的农户。

（6）晒场果穗晾晒。果穗收获后直接晾晒在晒场，不过这种方法需要有大场地，不能太厚，并要经常翻动，否则易造成果穗发热、发霉。

（7）籽粒晒场晾晒。玉米收获后，将果穗摊在晒场上晾晒，方法简单，可操作性强，脱水也快。此法适合制种面积大、产穗量高的种子企业。但要求有晒场，晾晒时还要经常翻动，需专职人员操守。

13. 种子干燥的原理是什么？

通过干燥介质给种子加热，利用种子内部水分不断向表面扩散和表面水分不断蒸发，实现种子含水量下降的目的。

14. 种子干燥的主要措施有哪些？

（1）自然干燥。利用日光、风等自然条件，使种子含水量降低，达到或接近种子安全贮藏水分标准。

（2）通风干燥。利用风机将干燥空气吹入种子堆，将种子堆间隙的水汽和呼吸热量带走，达到干燥的目的。

（3）加热干燥。利用加热空气作为介质，通过种子层，使种子水分汽化跑掉，达到种子干燥的目的。

（4）干燥剂干燥。在密闭容器内，通过干燥剂的吸湿能力，不断吸收种子扩散出来的水分，降低种子含水量。

15. 影响种子干燥的因素有哪些？

影响种子干燥的因素有：①空气相对湿度；②温度；③气流速度；④种子本身生理状态和化学成分。

16. 制种玉米种子净度怎么检验？

种子净度指种子的干净程度，即样品除去杂质和其他植物种子后，留下的本作物净种子重量占样品总重量的比率，是衡量种子批质量的基本指标。净种子指送验者所叙述的种（包括种的全部植物学变种和栽培品种）符合规程要求的种子单位或构造。其他植物种子指除净种子以外的任何植物种子单位，包括杂草种子和异作物种子。杂质指除净种子和其他植物种子以外的种子单位和所有其他物质和构造。种子单位指通常所见的传播单位，包括真种子、瘦果、颖果、分果和小花等。

净度分析步骤如下。

（1）送验样品称重。通常以 M 表示。净度分析的送验样品要达到净度分析试验样品量的 10 倍。

（2）重型混杂物检查。重型混杂物是指重量和体积明显大于所分析种子的杂质。从送验样品中，检查并挑出与供检种子在大小和重量上明显不同，且严重影响结果的重型杂质，分别按杂质或其他植物种子挑选归类，分别称重计算重型杂质的含量。

重型杂质含量 $=m/M\times100\%$。

其中，$m=m_1+m_2$，m_1 为杂质，m_2 为其他植物种子（大粒种子）。

（3）分取试验样品。以 2 500 粒种子重为宜。称重。送验样品最小重量为 1 000 g。

（4）试验样品分离。将试样分为净种子（P）、其他植物种子（OS）、杂质（I）。分别称重。

（5）结果计算。$P_1=P/（P+OS+I）\times100\%$，$OS_1=OS/（P+OS+I）\times100\%$，$I_1=I/（P+OS+I）\times100\%$。

（6）结果报告。结果应保留一位小数。各种成分之和应为 100.0%，小于 0.05% 的微量成分在计算中应除外。如果其和是 99.9% 或 100.1%，那么从最大值（通常是净种子部分）增减 0.1%。如果修约值大于 0.1%，那么应检查计算有无差错。

17. 制种玉米种子净度分析的标准是什么？

玉米种子净度分析中，可分为好种子、废种子、有生命的杂质、无生命的杂质等几部分。各自的分类标准如下。

（1）好种子。指有种胚并符合下列条件的本作物种子。①发育正常的种子；②规定筛孔未能筛理下来的种子；③幼根或幼芽开始突破种皮，但尚未露在种皮之外；④胚乳或子叶受损伤面积小于 1/3；⑤种皮破裂的种子。

（2）废种子。①无胚种子；②规定筛孔筛理下的小粒和秕种子；③胚乳或子叶受损伤面积达 1/3 或 1/3 以上；④幼根或幼芽已露出种皮的种子。

（3）有生命的杂质。①杂草及其他植物的净种子；②活害虫（幼虫、卵、蛹）和虫瘿；③菌核、菌瘿、黑穗病孢子团块及带病颖壳。

（4）无生命的杂质。①砂、土、石块等无机物，叶和秸秆等植物残体；②异作物的废种子；③无生命的动物、毛、粪等。

18. 制种玉米种子水分检验如何进行？

种子水分指按规定程序把种子样品烘干，种子所失去的重量占供检样品原始重量的百分率。通常用湿重为基数的水分的百分率来表示。还有一种以干基计算的，即种子样品烘干失去水分的重量占供检样品中干物质重量的比例。

制种玉米种子水分测定方法：①低恒温烘干法。混样，磨碎，称重，103℃，8 h，一次烘干，再次称重，计算。②水分速测仪测定。

19. 种子清选的基本原理是什么？

种子清选主要是根据机械设备和电子仪器能够识别的种子物理学特性（如宽度、厚度和长度、密度、临界悬浮速度、种子表面特性和种子颜色等），除去未成熟种子、破碎种子、遭受病虫害的种子和杂草种子，把发芽率高、生命力旺盛的高质量种子分离出来。

（1）按种子外形尺寸进行筛选。主要根据种子的长、宽、厚 3 个尺寸进行分选。

（2）按空气动力学原理进行分选。主要根据杂质和不同质量种子的重力不同以及在空气中的飘浮速度不同，达到分级的目的。

（3）按种子比重进行重力选。在机械振动和气流作用下，杂质和种子按密度、粒径等的差异特性，在垂直方向上分层，从而达到分离效果。

（4）按种子表面特性进行分离。主要根据种子表面形状、粗糙程度及对斜面摩擦系数的差异进行分离。

（5）根据种子颜色进行分离。主要根据种子颜色明亮和灰暗的特征进行分离。

（6）根据种子弹性进行分离。主要根据不同种子的弹性和表面形状的差异进行分离。

（7）根据种子负电性进行分离。主要根据种子劣变后，负电性增加，而高活力种子负电低的特性进行分离。

（8）根据种皮特性进行分离。主要根据破损种皮褶皱容易被尖锐的钢针挂住这一特性进行分离。

20. 种子清选的设备主要有哪些？

（1）分筛清选机。将风选与筛选装置有机结合在一起组成的机器。

（2）圆筒筛分级机。按种子宽度或厚度，在圆筒形筒壁上制有圆孔或长方形孔，通过转动圆筒对种子进行分级。

（3）窝眼筒清选机。按种子长度进行分析的机器。

（4）重力式清选机。利用种子在台面振动与气流状态下产生偏析，物料颗粒形成有序的层化现象进行清选与重力分级，从而将好种子与轻质杂质分离出来。

21. 种子清选设备的筛子主要有哪几种？

（1）圆孔筛。按照种子宽度尺寸进行分选。

（2）方孔筛。按照种子长度进行分选。

（3）筒状筛。按种子长度尺寸进行分选。

22. 玉米种子储存技术及注意事项有哪些？

（1）清理仓库。内部的清理主要是针对残留的种子、杂质、垃圾等物质，将这些物质清理干净。在晴朗天气注意通风防潮，保证粮仓内部的干净、干燥；对于粮仓外部的清理，主要是针对粮仓外部的杂草、污水等，将外部存在的污渍等清理干净。

（2）仓库消毒。库房消毒很重要，能够起到防蛀虫、保质量的效果。库房消毒可以采用喷洒药剂或者熏蒸两种方式。使用80%敌敌畏乳剂以1∶1 500的比例制作喷雾；或者使用敌百虫晶体100倍液喷雾。

（3）充分晾晒。玉米种子在入库之前，一定要经过仔细的清理和充分的晾晒，要使种子里的水分降低到14%以下。玉米种子在入库的过程中，种子本身的温度不宜过高，一定要等温度降低到库房温度以下才可以入库，当天晾晒的种子，如果气温比较高，那么种子的温度一般也比较高，经降温才能入库。

（4）控制水分。玉米种子在收获的最初阶段含水量非常高，经过一段时间的风干、晾晒之后，种子的含水量才会逐渐下降。进入10月中下旬，也就是寒冷天气到来之前，种子的含水量必须降低到14%以下，这个范围内的种子可以安全越过寒冬，因此一定要注意玉米种子水分。

（5）温湿度管理。玉米种子在储存之后，要定期对种子的储存情况进行检查，避免种子存在病变的情况，以及出现局部发热、局部霉变现象。因此对粮仓的储存温度有很高的要求，要控制粮仓的温度、湿度，保证其在安全的范围内。玉米种子在储存的过程中温度也在不断发生变化，要根据季节的变化、气温的升降对粮仓进行管理，做好温度、湿度的调整。

（6）注意事项。玉米在储存的过程中需要避免虫害，管理的过程中需要注意全面防治蛀虫，避免虫害入侵，不定时检测是否存在虫害，发现问题及时采取喷洒药物等方式防治，避免影响玉米种子的质量。

23. 常用的种子包装材料有哪些？

（1）聚乙烯和聚氯乙烯袋。有一定的防水作用和透气作用，便于装卸作业，是最常见的种子包装材料。

（2）纸袋。主要用于一些蔬菜、花卉等少量种子的包装。

（3）铁皮罐。主要用于对湿度等环境要求高、价值较高的种子的包装。成本较高。

24. 种子包装的标签内容有哪些？

种子包装内外应放置标签。标签应当标注的内容包括种子类别、品种名称、生产商名称及地址、质量指标、产地、生产年月、种子经营许可证编号、种子检疫证明编号。其中，质量指标包括品种纯度、净度、水分、发芽率等指标。

25. 种子贮藏期间怎么防治仓库病虫害？

（1）清洁仓库。在种子入库前，对仓库内的垃圾、存放的种子、杂物等进行认真彻底的清理，并妥善处理。加工设备、包装设备等要定期清理，消除病害孢子和虫卵，保持清洁卫生。

（2）仓库改造。对仓库内裂缝、孔隙、大小洞穴等残破处及时采取剔刮、嵌缝、粉刷等，消除病害孢子、虫卵以及害虫的栖息场所，也便于检查时观察到害虫。

（3）消毒工作。在清洁的基础上，通过化学药剂喷雾、烟剂熏蒸等方法，对仓库进行彻底消毒，以减少病害孢子、虫卵的寄生为害。

（4）隔离工作。种子仓库经过清洁、改造、消毒后，还要防止种子仓库病虫害的再度侵染。种子入库前要进行病虫害的杀灭工作，仓库内的物品要进行彻底消毒，以防止病虫害传播。

26. 怎样进行玉米种子包衣？

玉米种子包衣是新兴起的一项技术，种子包衣所用药剂即种衣剂，是将稍微湿润状态的种子，用含有黏结剂的杀虫剂、杀菌剂、复合肥料、微量元素、植物生长调节剂、缓释剂、成膜剂等配合制剂，按一定的比例充分混拌，在种子表面形成具有一定功效的固化保护膜即种衣，包在种子外层的配合制剂，称为种衣剂或包衣剂。是防治玉米苗期地下害虫和苗期病害，确保一播全苗最为简捷、有效的办法。此外，包衣还能起到防治玉米丝黑穗病、为种子萌芽生长提供一定养分等作用。种衣剂是在拌种剂的基础上的技术创新。

（1）种衣剂种类。按照产品有效成分，可以将种衣剂分为两大类，一类是农药型种衣剂，另一类是微肥型种衣剂。两类种衣剂均可促进玉米苗全、苗壮，但前者偏重于防治苗期地下害虫、苗期病害，提高成苗率，同时降低丝黑穗病发病率；后者偏重于为种子提供养分，增强种子的发芽势，培育壮苗。

生产上应用的种衣剂有：①含三唑酮、辛硫磷、微肥等，主要防治玉米地下害虫、黏虫、丝黑穗病及缺素症。②60%吡虫啉悬浮种衣剂。主要防治苗期地下害虫（蛴螬）的为害，减轻金针虫、地老虎的为害，促进苗齐、苗壮，防治玉米粗缩病（灰飞虱传播的病毒病），促进根系生长、根系发达、长势健壮，抗倒伏，使穗大粒饱，减少秃尖，增产。此外，还有戊唑醇、烯唑醇等防治玉米丝黑穗病的专用杀菌种衣剂。农户在购买种衣剂时，先要弄清本地玉米病虫害发生情况，再根据种衣剂中所含有效成分确定购买哪种产品，确保选购的种衣剂质量合格、产品适宜、效果显著。

（2）玉米种子包衣剂的制作方法。种子包衣有两种：①机械包衣。种子公司用包衣机生产制作，种子包衣后，出售给农民。②人工包衣。没有包衣机，可用人工简便的包衣方法，适于农户为少量玉米种子作包衣处理。具体操作方法是，将两个大小相同的塑料袋套在一起，即成双层袋，取一定数量的玉米种子与相应数量的种衣剂，均匀地倒入里层袋内，扎紧袋口，然后用双手快速揉搓，直到拌匀为止，倒出即可备用。

种子包衣时，种衣剂的用量应严格按照产品说明书规定比例混拌。如采用60%吡虫啉悬浮种衣剂 10 mL，兑水 8~10 mL，混成均匀溶液，将 1~2 kg 玉米种子摊在塑料薄膜（或塑料盆）上，将配好的包衣液倒在种子上，搅拌均匀后倒出，晾 24 h 后播种（阴干播种，不可暴晒）。

注意事项如下。

（1）选用合适的种衣剂。使用前必须做好种衣剂对玉米种子的安全性测定，尤其是甜、糯玉米更要严格掌握种衣剂的使用安全性。必须按规定量使用，过多会发生药害，过少又起不到作用。包衣时必须搅拌均匀，防止产生药害。

（2）包衣种子必须是优良品种的发芽率高的优质种子，发芽势及发芽率都要达标。包衣种子含水量要比一般种子标准含水量低1%。

（3）包衣种子要带有警戒色，只能用于指定的种子，绝不能食用或饲用。出苗后间下的玉米苗严禁喂养畜禽，播种时要防止对人、畜的药害。

（4）机械包衣要在专门的车间内进行，搅拌时不能使用金属器具，不能在太阳光直射条件下操作。操作人员要穿工作服和佩戴防护用具。人工包衣不能在高温条件下操作，包衣种子包装不能用麻袋，包装后要密封。包衣种子要由专门仓库和专人保管，在调运和使用过程中也要注意安全。用过的工具和衣服都应及时彻底清洗。

（5）播包衣的种子时要戴橡胶手套，穿工作服，播种结束后，应将多余的包衣种子单藏，未播完的种子，切忌食用或作饲料。

27. 玉米地防老鼠的有效方法有哪些？

老鼠为害造成农田缺苗断垄，伤害果穗，啃食籽粒，种子破损等，给制种产业造成了很大损失。防治方法如下。

（1）安装老鼠夹。在玉米地周围设置老鼠夹是一种简单而有效的物理防治方法。老鼠夹可以摆放在玉米地的周边路缘、地沟、田埂或者地里，夹里放上小米、芝麻等食物，诱骗老鼠进入，达到捕捉老鼠的目的。

（2）布置电子驱鼠器。电子驱鼠器利用高频声波刺激老鼠的神经系统，从而使其感到不适，避免了对玉米的伤害，对保护玉米安全有很大的帮助。

（3）以鼠治鼠法。首先，将大豆浸泡在水中1~2 h，然后将浸泡过的大豆放入被捕获老鼠的屁股里，释放老鼠。回窝的老鼠起初活动正常，但很快大豆就发芽膨胀，处于痛苦中的老鼠会不停地咬其他老鼠。这些老鼠有很强的战斗力，它们可以杀死同一窝里的其他老鼠，再过几天，这些老鼠就会因为不能排泄而死去。

（4）水泥灭鼠法。将大米、玉米、面粉等食物炒熟，加入少许食用油，与干水泥混合，放在老鼠出没的地方。老鼠进食后，水泥吸收肠道中的水分并固化，使得老鼠死于腹胀，吃水泥诱饵的老鼠也会咬其他老鼠。

（5）老鼠"自杀法"。这是农村常用的方法，家里的水箱也是杀死老鼠的最好工具。在水箱水面上撒一层米糠诱饵。诱饵漂浮在水面上，老鼠看不到水箱里的水。将木棒靠在水箱外面，或者在水箱口上方挂一根绳子。在正常情况下，受到香味诱惑的老鼠会沿着木棍或绳子爬上罐子的边缘。老鼠以为这是一个装满谷壳的大水箱，所以会跳进水里"自杀"。

（6）石膏灭鼠法。用石膏、面粉各100 g和一些八角煸炒，放在鼠洞旁边或它们经常出没的地方。在放石膏诱饵之前，注意把所有的食物藏起来。老鼠会吃石膏诱饵，因为口渴，会大量饮用水，被活活胀死。

（7）使用毒饵。毒饵是一种常见的化学防治老鼠的方法。毒饵主要成分有玉米面、肉桂酸钠等，可以制成小球，在适当的时候置于玉米地中，诱使老鼠食用，达到灭鼠的目的。

（8）喷洒杀鼠剂。田间喷洒杀鼠剂也是一种常用的化学防治老鼠的方法。田里喷施杀鼠剂时要遵循剂量规定，不可过量使用，以防对田间环境及玉米产生影响。

28. 防治老鼠有注意哪些事项？

（1）选择效果好的防治方式。在选择防治方式时，应根据不同地区、不同情况选择效果良好的防治方式，力求达到安全、环保、经济、高效的效果。

（2）规范使用化学防治剂。在使用化学防治剂时，要严格遵循规定剂量，防止污染环境和对田里的玉米产生不良影响，保证农产品安全。

（3）防治措施需要及时、有效。及时发现老鼠的踪迹，采取相应的防治措施，对保护玉米和促进农业生产有积极作用。

第十章

玉米制种田的杂草种类及识别

1. 玉米田间杂草种类主要有哪些？

玉米田间杂草主要有赖草、狗尾草、刺儿菜、苣荬菜、蒙山莴苣、马齿苋、苘麻、稗草、牛筋草、反枝苋、田旋花、打碗花、莎草、苍耳、问荆、小藜、灰绿藜、藜、猪殃殃、繁缕、车前草、画眉等。其中，以稗草、芦苇、藜、灰绿藜、小藜、反枝苋、田旋花出现的频率最高，危害最严重。

2. 田间杂草对制种玉米有何危害？

①杂草的根系发达，能够吸收土壤中大量的水分、养分，减少了土壤对玉米水分、养分的供应；②杂草占据了玉米生长发育的部分空间，降低了玉米的光能利用率，影响光合作用，抑制了玉米的生长，最终影响玉米的产量和品质。③玉米在苗期受杂草危害最重，常导致植株矮小，茎秆变细，叶片发黄，生长中后期发育不良，空秆株增多，籽粒产量下降。④杂草还是病虫害传播的一种媒介，是病虫繁殖、越冬和隐蔽的场所，常导致病虫害越季危害玉米。某些杂草的体内还含有有毒物质，人、畜误食会引起中毒。⑤杂草滋生，增加了除草用工，提高了生产成本，降低了经济收入。

3. 制种玉米田杂草的防除方法有哪些？

（1）农业措施。及时清除田边、路旁的杂草，防止杂草侵入农田。结合采取秸秆覆盖、薄膜覆盖，减少杂草发生。做好田间肥水管理，提高玉米的竞争力。

（2）物理措施。在玉米苗期和中期，结合施肥采取机械中耕培土，防除行间杂草。

（3）加强检疫，防止外来入侵杂草进入制种田。

（4）人工除草。

（5）化学除草。见第四章的杂草防治方法。

4. 玉米田常见杂草的种类和识别特征？

（1）问荆（*Equisetum arvense* L.），如图10-1所示。

【别名】笔头草、节骨草。

【形态特征】多年生草本。根茎匍匐生根，黑色或暗褐色。地上茎直立，2型。营养茎在孢子茎枯萎后生出，高15～60 cm，有棱脊6～15条。叶退化，下部联合成鞘，鞘齿披针形，黑色，边缘灰白色，膜质；分枝轮生，中实，有棱脊3～4条，单一或再分枝。孢子茎早春先发，常为紫褐色，肉质，不分枝，叶鞘长而大。孢子囊穗5—6月抽出，顶生，钝头，长2～3.5 cm；孢子叶六角形，盾状着生，螺旋排列，边缘着生长形孢子囊。

【产地与分布】分布于河西地区各县区。

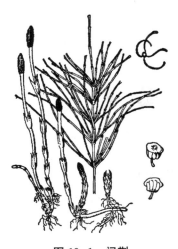

图10-1　问荆

【生境】生于潮湿的草地、沟渠旁、田边、河畔、林下、山谷阴湿处、草甸等处。

（2）节节草（*Equisetum ramosissimum* Desf.），如图10-2所示。

【别名】土麻黄、草麻黄、木贼草。

【形态特征】多年生草本。根茎黑褐色，生少数黄色须根。茎直立，单生或丛生，高达70 cm，径1～2 mm，灰绿色，肋棱6～20条，粗糙，有小疣状突起1列；沟中气孔线1～4列；中部以下多分枝，分枝常具2～5小枝。叶轮生，退化连接成筒状鞘，似漏斗状，亦具棱；鞘口随棱纹分裂成长尖三角形的裂齿，齿短，外面中心部分及基部黑褐色，先端及缘渐成膜质，常脱落。孢子囊穗紧密，矩圆形，无柄，长0.5～2 cm，有小尖头，顶生，孢子同型，具2条丝状弹丝，十字形着生，绕于孢子上，遇水弹开，以便繁殖。

【产地与分布】分布于河西地区各县区。

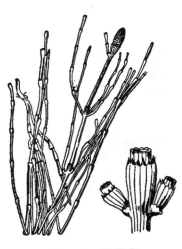

图10-2　节节草

【生境】生于湖畔、河畔、溪流边、沟边、林下、田埂处。

（3）两栖蓼（*Polygonum amphibium* L.），如图10-3所示。

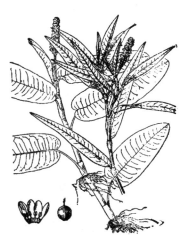

图10-3 两栖蓼

【别名】扁蓄蓼、醋柳、胡水蓼、湖蓼。

【形态特征】多年生草本，根状茎横走。生于水中时，它的茎漂浮，无毛，节部生不定根。叶长圆形或椭圆形，浮于水面，长5～12 cm，宽2.5～4 cm，顶端钝或微尖，基部近心形，两面无毛，全缘，无缘毛；叶柄长0.5～3 cm，自托叶鞘近中部发出；托叶鞘筒状，薄膜质，长1～1.5 cm，顶端截形，无缘毛；生于陆地时，它的茎直立，不分枝或自基部分枝，高40～60 cm，叶披针形或长圆状披针形，长6～14 cm，宽1.5～2 cm，顶端急尖，基部近圆形，两面被短硬伏毛，全缘，具缘毛；叶柄3～5 mm，自托叶鞘中部发出；托叶鞘筒状，膜质，长1.5～2 cm。疏生长硬毛，顶端截形，具短缘毛。总状花序呈穗状，顶生或腋生，长2～4 cm，苞片宽漏斗状；花被5深裂，淡红色或白色花被片长椭圆形，长3～4 mm；雄蕊通常5枚，比花被短；花柱2枚，比花被长，柱头头状。瘦果近圆形，双凸镜状，直径2.5～3 mm，黑色，有光泽，包于宿存花被内。花期7—8月，果期8—9月。

【产地与分布】河西地区各县区均有分布。

【生境】生于湖泊边缘的浅水中、沟边、田边湿地、池塘边缘浅水处。

（4）酸模叶蓼［*Persicaria lapathifolia*（L.）Delarbre］，如图10-4所示。

图10-4 酸模叶蓼

【别名】酸溜溜、酸九九。

【形态特征】一年生草本，高30～200 cm。茎直立，上部分枝，粉红色，节部膨大。叶片宽披针形，大小变化很大，顶端渐尖或急尖，表面绿色，常有黑褐色新月形斑点，两面沿主脉及叶缘有伏生的粗硬毛；托叶鞘筒状，无毛，淡褐色。花序为数个花穗构成的圆锥花序；苞片膜质，花被粉红色或白色，4深裂；雄蕊6枚；花柱2裂，向外弯曲。瘦果卵形，扁平，两面微凹，黑褐色，光亮。花期6—8月，果期7—10月。

【产地与分布】河西地区各县区均有分布。

【生境】生于路旁湿地和沟边。

（5）萹蓄（*Polygonum aviculare* L.），如图 10-5 所示。

【别名】扁竹、竹节草、乌蓼、蚂蚁草。

【形态特征】一年生草本，高 15～50 cm。茎匍匐或斜上，基部分枝甚多，具明显的节和纵沟纹；幼枝上微有棱角。叶互生；叶柄短，2～3 mm，亦有近于无柄者；叶片披针形至椭圆形，长 5～16 mm，宽 1.5～5 mm，先端钝或尖，基部楔形，全缘，绿色，两面无毛；托鞘膜质，抱茎，下部绿色，上部透明无色，具明显脉纹，其上多数平行脉常伸出成丝状裂片。花 6～10 朵簇生于叶腋；花梗短；苞片及小苞片均为白色透明膜质；花被绿色，5 深裂，具白色边缘，结果后，边缘变为粉红色；雄蕊通常 8 枚，花丝短；子房长方形，花柱短，柱头 3 枚。瘦果包围于宿存花被内，仅顶端小部分外露，卵形，具 3 棱，长 2～3 mm，黑褐色，具细纹及小点。花期 6—8 月，果期 9—10 月。

图 10-5 萹蓄

【产地与分布】河西地区各县区广布。产于全国大部分地区。

【生境】生于田野、路旁、沟边、湖边湿地。

（6）西伯利亚滨藜（*Atriplex sibirica* L.），如图 10-6 所示。

【形态特征】一年生草本，高 20～50 cm。茎通常自基部分枝；枝外倾或斜伸，钝四棱形，无色条，有粉。叶片卵状三角形至菱状卵形，长 3～5 cm，宽 1.5～3 cm，先端微钝，基部圆形或宽楔形，边缘有疏锯齿，近基部的 1 对齿较大而呈裂片状，或仅有 1 对浅裂片而其余部分全缘，上面灰绿色，无粉或稍有粉，下面灰白色，有密粉；叶柄长 3～6 mm。团伞花序腋生；雄花花被 5 深裂，裂片宽卵形至卵形；雄蕊 5 枚，花丝扁平，基部连合，花药宽卵形至短矩圆形，长约 0.4 mm；雌花的苞片连合成筒状，仅顶缘分离，略呈倒卵形，长 5～6 mm（包括柄），宽约 4 mm，木质化，表面具多数不规则的棘状突起，顶缘薄，牙齿状，基部楔形。胞果扁平，卵形或近圆形；果皮膜质，白色，与种子贴伏。种子直立，红褐色或黄褐色，直径 2～2.5 mm。花期 6—7 月，果期 8—9 月。

图 10-6 西伯利亚滨藜

【产地与分布】河西地区各县区均有分布。

【生境】生于盐碱荒漠、湖边、渠沿、河岸等处。

（7）灰绿藜 [Oxybasis glauca（L.）S. Fuentes，Uotila & Borsch]，如图 10-7 所示。

图 10-7　灰绿藜

【别名】碱灰菜、小灰菜、白灰菜。

【形态特征】一年生草本，高 10～45 cm。茎通常由基部分枝，斜上或平卧，有沟槽与条纹。叶片厚，带肉质，椭圆状卵形至卵状披针形，长 2～4 cm，宽 5～20 mm，顶端急尖或钝，边缘有波状齿，基部渐狭，表面绿色，背面灰白色、密被粉粒，中脉明显；叶柄短。花簇短穗状，腋生或顶生；花被裂片 3～4 片，少为 5 片。胞果伸出花被片，果皮薄，黄白色；种子扁圆，暗褐色。

【产地与分布】河西地区各县区广布；分布于东北、华北、西北及浙江、湖南等省。

【生境】生于农田边、水渠沟旁、平原荒地、山间谷地、田间、水边草丛中。

（8）藜（Chenopodium album L.），如图 10-8 所示。

【别名】灰藜、灰菜、灰条。

图 10-8　藜

【形态特征】一年生草本，高 0.4～2 m。茎直立，粗壮，有棱和绿色或紫红色的条纹，多分枝；枝上升或开展。叶有长叶柄；叶片菱状卵形至披针形，长 3～6 cm，宽 2.5～5 cm，先端急尖或微钝，基部宽楔形，边缘常有不整齐的锯齿，下面生粉粒，灰绿色。两性，数个集成团伞花簇，多数花簇排成腋生或顶生的圆锥状花序；花被片 5 枚，宽卵形或椭圆形，具纵隆脊和膜质的边缘，先端钝或微凹；雄蕊 5 枚，柱头 2 枚。胞果完全包于花被内或顶端稍露，果皮薄，和种子紧贴；花期 8—9 月，果期 9—10 月。种子横生，双凸镜形，直径 1.2～1.5 mm，光亮，表面有不明显的沟纹及点洼；胚环形。

【产地与分布】河西地区各县区广布。

【生境】生于农田边、水渠沟旁、平原荒地、山间谷地、田间、水边草丛中。

（9）小藜（Chenopodium ficifolium Sm.），如图 10-9 所示。

【别名】苦落藜。

【形态特征】幼苗子叶线形，肉质，基部紫红色，有短叶柄。初生叶线形，先端钝，基部楔形，全缘，叶下面略呈紫红色，有短柄。下胚轴与上胚轴均较发达，玫瑰红色。后生叶披针形，常于基部有 2 个较短的裂片，叶缘具波状齿。成株株高 20～50 cm。茎直立，有分枝，有绿色纵条纹，幼茎常密被粉粒。叶互生，有柄，长圆状卵形，长 2～5 cm，宽 1～3 cm，先端钝，边缘有波状齿，下部的叶近基部有 2 个较大的裂片，两面疏生粉粒。花和子实花序穗状或圆锥状；腋生或顶生。花两性。花被片 5 片，先端钝，淡绿色。雄蕊 5 枚，长于花被。柱头 2 个，线形。胞果包于花被内，果皮膜质。种子直径约 1 mm，圆形，边缘有棱，黑色，有光泽，表面有明显的蜂窝状网纹。

图 10-9　小藜

【产地与分布】河西地区各县区广布。

【生境】生于农田、河滩、荒地和沟谷湿地。

（10）地肤 ［*Bassia scoparia*（L.）A. J. Scott］，如图 10-10 所示。

【别名】地麦、落帚、扫帚苗、扫帚菜、孔雀松。

【形态特征】一年生草本，高 50～100 cm。根略呈纺锤形。茎直立，圆柱状，淡绿色或带紫红色，有多数条棱，稍有短柔毛或下部几无毛；分枝稀疏，斜上。叶为平面叶，披针形或条状披针形，长 2～5 cm，宽 3～7 mm，无毛或稍有毛，先端短渐尖，基部渐狭入短柄，通常有 3 条明显的主脉，边缘有疏生的锈色绢状缘毛；茎上部叶较小，无柄，1 脉。花两性或雌性，通常 1～3 个生于上部叶腋，构成疏穗状圆锥状花序，花下有时有锈色长柔毛；花被近球形，淡绿色，花被裂片近三角形，无毛或先端稍有毛；翅端附属物三角形至倒卵形，有时近扇形，膜质，脉不很明显，边缘微波状或具缺刻；花丝丝状，花药淡黄色；

图 10-10　地肤

柱头 2，丝状，紫褐色，花柱极短。胞果扁球形，果皮膜质，与种子离生。种子卵形，黑褐色，长 1.5～2 mm，稍有光泽；胚环形，胚乳块状。花期 6—9 月，果期 7—10 月。

【产地与分布】河西地区各县区均有分布。

【生境】生于田边、路旁、荒地等处。

（11）反枝苋（*Amaranthus retroflexus* L.），如图 10-11 所示。

图 10-11　反枝苋

【别名】野苋菜、苋菜、西风谷。

【形态特征】一年生草本，茎直立，高 20～80 cm，有分枝，有时达 1.3 m；茎粗壮，淡绿色，有时具带紫色条纹，稍具钝棱，密生短柔毛。叶互生有长柄，叶片菱状卵形或椭圆状卵形，长 5～12 cm，宽 2～5 cm，先端锐尖或尖凹，有小凸尖，基部楔形，有柔毛。圆锥花序顶生及腋生，直立，直径 2～4 cm，由多数穗状花序形成，顶生花穗较侧生者长；苞片及小苞片钻形，长 4～6 mm，白色，先端具芒尖；5 被片，花被片白色，有 1 淡绿色细中脉，先端急尖或尖凹，具小突尖。胞果扁卵形，环状横裂，包裹在宿存花被片内。种子近球形，直径 1 mm，棕色或黑色。

【产地与分布】河西地区各县区广布。

【生境】生于山坡、路旁、旷野、荒地、田边、沟旁、河岸等处。

（12）马齿苋（*Portulaca oleracea* L.），如图 10-12 所示。

【别名】马苋、五行草、长命菜、五方草、瓜子菜、麻绳菜、马齿菜、马生菜。

图 10-12　马齿苋

【形态特征】一年生草本，全株无毛。茎平卧或斜倚，伏地铺散，多分枝，圆柱形，长 10～15 cm，淡绿色或带暗红色。叶互生，有时近对生，叶片扁平，肥厚，倒卵形，似马齿状，长 1～3 cm，宽 0.6～1.5 cm，顶端圆钝或平截，有时微凹，基部楔形，全缘，上面暗绿色，下面淡绿色或带暗红色，中脉微隆起；叶柄粗短。花无梗，直径 4～5 mm，常 3～5 朵簇生枝端，午时盛开；苞片 2～6，叶状，膜质，近轮生；萼片 2，对生，绿色，盔形，左右压扁，长约 4 mm，顶端急尖，背部具龙骨状凸起，基部合生；花瓣 5，稀 4，黄色，倒卵形，长 3～5 mm，顶端微凹，基部合生；雄蕊通常 8 枚，或更多，长约 12 mm，花药黄色；子房无毛，花柱比雄蕊稍长，柱头 4～6 裂，线形。蒴果卵球形，长约 5 mm，盖裂；种子细小，多数，偏斜球形，黑褐色，有光泽，直径不足 1 mm，具小疣状凸起。花期 5—8 月，果期 6—9 月。

【产地与分布】河西地区各县区均有分布；我国南北各地均产。

【生境】生于河岸边、池塘边、沟渠旁和山坡草地、田野、路边及住宅附近，几乎随处可见。

（13）黄花铁线莲（*Clematis intricata* Bunge），如图 10-13 所示。

【别名】狗豆蔓、萝萝蔓、铁线透骨草。

【形态特征】草质藤本。茎纤细，多分枝，有细棱，近无毛或有疏短毛。一至二回羽状复叶；小叶有柄，2～3 全裂或深裂，浅裂，中间裂片线状披针形、披针形或狭卵形，长 1～4.5 cm，宽 0.2～1.5 cm，顶端渐尖，基部楔形，全缘或有少数牙齿，两侧裂片较短，下部常 2～3 浅裂。聚伞花序腋生，通常为 3 花，有时单花；花序梗较粗，长 1.2～3.5 cm，有时极短，疏被柔毛；中间花梗无小苞片，侧生花梗下部有 2 片对生的小苞片，苞片叶状，较大，全缘或 2～3 浅裂至全裂；萼片 4，黄色，狭卵形或长圆形，顶端尖，长 1.2～2.2 cm，宽

图 10-13　黄花铁线莲

4～6 mm，两面无毛，偶尔内面有极稀柔毛，外面边缘有短茸毛；花丝线形，有短柔毛，花药无毛。瘦果卵形至椭圆状卵形，扁，长 2～3.5 mm，边缘增厚，被柔毛，宿存花柱长 3.5～5 cm，被长柔毛。花期 6—7 月，果期 8—9 月。

【产地与分布】在民乐、肃南山地有分布。

【生境】生于山坡、草地、路边或灌木丛中。

（14）甘青铁线莲［*Clematis tangutica*（Maxim.）Korsh.］，如图 10-14 所示。

【形态特征】落叶藤本。主根粗壮，木质。茎具棱，幼时被长柔毛，后脱落。叶对生，一回羽状复叶；叶柄长 2～7.5 cm；小叶 5～7 片，叶片浅裂、深裂或全裂，中央裂片较大，侧裂片小，卵状长圆形、狭长圆形或披针形，长 3～4 cm，宽 0.5～1.5 cm，先端钝，有短尖头，基部楔形，边缘有不整齐缺刻状锯齿，上面有毛或无毛，下面有疏长毛。花单生，有时为单聚伞花序，有 3 朵花，腋生；花序梗粗壮，长 4.5～20 cm，有毛；花两性；萼片 4，狭卵形、椭圆状长圆形，长 1.5～3.5 cm，黄色外面带紫色，斜上展，先端渐尖或急尖，外面边缘被短茸毛，中间被柔毛，内面无毛或近无毛；花瓣无；雄蕊多

图 10-14　甘青铁线莲

数，花丝下面稍扁平，被开展的柔毛，花药无毛；心皮多数，密生柔毛。瘦果倒卵形，

长约 4 mm，有长柔毛，宿存，羽毛状，长达 4 cm。花期 6—9 月，果期 7—10 月。

【产地与分布】在民乐、肃南山地有分布。

【生境】生于山坡、草地、路边或灌木丛中。

（15）宽叶独行菜（*Lepidium latifolium* L.），如图 10-15 所示。

图 10-15　宽叶独行菜

【别名】大辣、止痢草。

【形态特征】多年生草本，高 0.3～1.2 m。茎直立，中上部有分枝。叶长圆披针形或广椭圆形，先端短尖，基部楔形，边缘具稀锯齿，基部的叶具长柄，茎上部叶无柄，苞片状。总状花序排成圆锥状；花小，白色。果实扁椭圆形。种子宽椭圆形，扁平，光滑。主根发达粗壮。茎直立无毛，株高 30～150 cm，上部具分枝，基生叶和上部叶长圆状、披针形至卵形，先端急尖，基部楔形，全缘或具齿。总状花序，圆锥状顶生，有 4 个白色花瓣，6 个雄蕊。角果短，宽卵形或近圆形，无毛、无翅。种子宽卵状，椭圆形至近长圆形，浅褐色。

【产地与分布】在甘肃河西各地均有分布。

【生境】生于田边、地埂、沟边、河谷。危害农作物或幼林。

（16）独行菜（*Lepidium apetalum* Willd.），如图 10-16 所示。

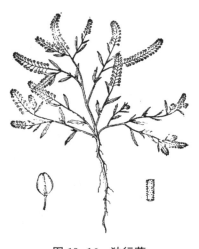

图 10-16　独行菜

【别名】腺茎独行、北葶苈子。

【形态特征】一年生或二年生草本，高 5～30 cm；茎直立或斜升，多分枝，被微小头状毛。基生叶莲座状，平铺地面，羽状浅裂或深裂，叶片狭匙形，长 2～4 cm，宽 5～10 mm，叶柄长 1～2 cm；茎生叶狭披针形至条形，长 1.5～3.5 cm，宽 1～4 mm，有疏齿或全缘；总状花序顶生；花小，不明显；花梗丝状，长约 1 mm，被棒状毛；萼片舟状，椭圆形，长 5～7 mm，无毛或被柔毛，具膜质边缘；花瓣极小，匙形，白色，长约 0.3 mm. 短角果近圆形，种子椭圆形，棕红色。

【产地与分布】在甘肃河西各地均有分布。

【生境】多生于村边、路旁、田间撂荒地，也生于山地、沟谷。

（17）荠菜 ［*Capsella bursa-pastoris* （L.） Medic.］，如图 10-17 所示。

【别名】地丁菜、地菜、荠、香田芥、枕头草、地米菜、山萝卜苗、百花头、辣菜、铁铲菜。

【形态特征】一年生或二年生草本，高 20～50 cm。茎直立，有分枝，稍有分枝毛或单毛。基生叶丛生，呈莲座状，具长叶柄，达 5～40 mm；叶片大头羽状分裂，长可达 12 cm，宽可达 2.5 cm，顶生裂片较大，卵形至长卵形，长 5～30 mm，侧生者宽 2～20 mm，裂片 3～8 对，较小，狭长，开展，卵形，基部平截，具白色边缘，十字花冠。总状花序。四强雄蕊。短角果扁平。花瓣倒卵形，呈圆形至卵形，先端渐尖，浅裂或具有不规则粗锯齿；茎生叶狭被外形，长 1～2 cm，宽 2～15 mm，基部箭形抱茎，边缘有缺刻，或锯齿，两面有细毛或无毛。总状花序顶生或腋生，果期延长达 20 cm；萼片长圆形；花瓣白色，匙形或卵形，长 2～3 mm，有短爪。短角果，倒卵状三角形或倒心状三角形，长 5～8 mm，宽 4～7 mm，扁平，无毛，先端稍凹，裂瓣具网脉，花柱长约 0.5 mm。种子 2 行，呈椭圆形，浅褐色。花、果期 4—6 月。

图 10-17　荠菜

【产地与分布】在甘肃河西各地均有分布。

【生境】荠菜分布于我国各地，适应性很强，对土质的要求不高，在田边、路旁、沟边、荒地、房前屋后均可生长。在肥沃的园地、田埂等处长势更好。

（18）鹅绒委陵菜 ［*Argentina anserina* （L.） Rydb.］，如图 10-18 所示。

【别名】莲花菜、人参果、蕨麻、鸭子巴掌菜、蕨麻委陵菜、曲尖委陵菜。

【形态特征】多年生匍匐草本，叶正面深绿，背后如羽毛，密生白细绵毛，宛若鹅绒，故名。根肥大，富含淀粉。整个植株呈粗网状平铺在地面上。春季发芽，夏季长出众多紫红色的须茎，纤细的匍匐枝沿地表生长，可达 97 cm，节上生不定根、叶与花梗。羽状复叶，基生叶多数，叶丛直立状生长，高达 15～25 cm，叶柄长 4～6 cm，小叶 15～17 枚，无柄，长圆状倒卵形、长圆形，边缘有尖锯齿。花鲜黄色，单生于由叶腋抽出的长花梗上，形成顶生聚伞花序。瘦果椭圆形，宽约 1 mm，褐色，表面微被毛。

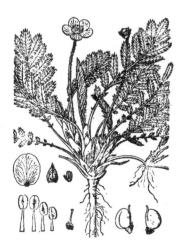

图 10-18　鹅绒委陵菜

【产地与分布】河西各地均有分布。

【生境】多生长于河滩沙地、潮湿草地、田边和路旁。

（19）天蓝苜蓿（*Medicago lupulina* L.），如图 10-19 所示。

图 10-19　天蓝苜蓿

【形态特征】一或二年生草本，高 5～45（60）cm。茎细弱，上升、伏卧或斜上，稀近直立，通常多分枝，被细柔毛或腺毛，稀近无毛。羽状复叶，具 3 小叶；托叶卵状披针形至狭披针形，下部与叶柄合生，先端长渐尖，基部边缘常有牙齿；小叶广倒卵形、倒卵形或倒卵状楔形，长 7～16 mm，宽 4～14 mm，两面有伏毛，有时亦有腺毛。总状花序腋生，超出叶，花很小，密生于总花梗上端；花梗比萼短，密生毛；萼钟状，被密毛，与花冠等长或短于花冠，萼齿 5，线状披针形或线状锥形，比萼筒长，花冠黄色，长 1.7～2 mm，旗瓣圆形，顶端微凹，基部具短爪，翼瓣比旗瓣显著短，龙骨瓣与翼瓣近等长或比翼瓣稍长；花柱弯曲稍成钩状。荚果肾形，成熟时近黑色，长 1.8～2.8 mm，宽 1.3～1.9 mm，表面具纵纹，有多细胞腺毛，并有时混生细柔毛，稀无毛，内含 1 粒种子，种子稍黄，长约 1.2 mm。花期 7—8（9）月，果期 8—10 月。

【产地与分布】河西各地均有分布。

【生境】生于湿草地及稍湿草地，常见于河岸及路旁，微碱性地亦有生长。

（20）黄香草木樨 ［*Melilotus officinalis*（L.）Pall.］，如图 10-20 所示。

图 10-20　黄香草木樨

【别名】黄花草木樨。

【形态特征】一或二年生草本，高 1～2 m，全草有香味。主根发达，呈分枝状胡萝卜形，根瘤较多。茎直立，多分枝。叶为羽状三出复叶，小叶椭圆形至披针形，先端钝圆，基部楔形，边缘具细锯齿；托叶三角形。总状花序腋生，含花 30～60 朵，花萼钟状；花冠黄色，蝶形、旗瓣与翼瓣近等长。荚果卵圆形，有网纹，被短柔毛，含种子 1 粒；种子长圆形，黄色或黄褐色。

【产地与分布】河西各地均有分布。

【生境】多分布于河谷湿润的地方，适于在半干旱温湿气候条件下生长。

（21）鹅绒藤（*Cynanchum chinense* R. Br.），如图 10-21 所示。

【别名】羊奶角角、牛皮消。

【形态特征】多年生草本，全株被短柔毛。根圆柱形，灰黄色。茎缠绕，多分枝。叶对生，宽三角状心形，长 3～7 cm，宽 3～6 cm，先端渐尖，基部心形，全缘，具长 2～5 cm 的叶柄。伞状聚伞花序腋生，总花梗长 3～5 cm，具多花；花萼 5 深裂，裂片披针形，花冠白色，辐状，具 5 深裂，裂片为条状披针形，长 4～5 mm；副花冠杯状，外轮 5 浅裂，裂片三角形，裂片间具 5 条丝状体，内轮有 5 条较短的丝状体；花粉块每室 1 个，下垂；柱头近五角形。蓇葖果圆柱形，长 8～12 cm；种子矩圆形，长约 5 mm，黄棕色，顶端具白绢状毛。花期 6—7 月，果期 8—9 月。

图 10-21 鹅绒藤

【产地与分布】分布于河西各地。

【生境】生于沙地、河滩地、田埂、沟渠。

（22）羊角子草（*Cynanchum cathayense*），如图 10-22 所示。

【形态特征】藤本；木质根，直径 1.5～2 cm，灰黄色；茎缠绕，下部多分枝，节上被长柔毛，节间被微柔毛或无毛。叶纸质，三角状或长圆状戟形，下部的叶长约 6 cm，宽 3 cm，上部的叶长 13 mm，宽 11 mm，顶端渐尖或急尖，基部心状戟形，两耳圆形；基生脉 5～7 条，基部有钻状腺体；叶柄长为叶的 2/3。聚伞花序伞形或伞房状，1～4 个丛生，每花序有 1～8 朵花；花萼裂片卵形，长 1.5 mm，顶端渐尖，外面被微柔毛，内面无毛；花冠紫色后变淡红或淡白色，裂片狭卵形或长圆形，长 4 mm，宽 2 mm，顶端钝，两面无毛；副花冠杯状，5 浅裂，湾缺处较狭，裂片卵形，3 裂，小裂片顶端急尖或具尾尖，超

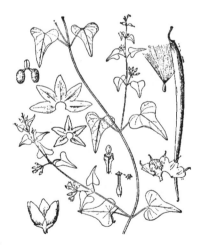

图 10-22 羊角子草

出合蕊柱；花药近方形，药隔膜片卵形；合蕊冠缢缩成柄状；柱头 2 裂。蓇葖单生，披针形、狭卵形，或线形，长 6.5～8.5 cm，直径约 1 cm，外果皮被微柔毛；种子长圆状卵形，长约 6 mm，宽 2 mm，顶端截平；种毛白色绢质，长约 2 cm。花期 5—8 月，果期 8—12 月。

【产地与分布】内蒙古、北京、河北、山西、宁夏、甘肃、新疆等地。

【生境】草原、低湿沙地、干旱湖盆、荒漠、荒漠芦苇草甸、林缘、沙丘、山坡河边、山坡湖边、湿地、湿沙地。

（23）打碗花（*Calystegin hederacea* Wall.），如图 10-23 所示。

图 10-23　打碗花

【别名】旋花、小旋花、常春藤打碗花。

【形态特征】多年生草质藤本。主根（一说根状茎，但未见分节）较粗长，横走。茎细弱，长 0.5～2 m，匍匐或攀缘。叶互生，叶片三角状戟形或三角状卵形，侧裂片展开，常再 2 裂。花萼外有 2 片大苞片，卵圆形；花蕾幼时完全包藏于内。萼片 5，宿存。花冠漏斗形（喇叭状），粉红色或白色，口近圆形微呈五角形。与同科其他常见种相比花较小，喉部近白色。子房上位，柱头线形 2 裂。蒴果。

【产地与分布】全国各地均有分布。

【生境】多生长于农田、平原、荒地及路旁。

（24）田旋花（*Convolvulus arvensis* L.），如图 10-24 所示。

【别名】拉拉菀、野牵牛、车子蔓、曲节藤、扶田秧、扶秧苗、白花藤、面根藤、三齿藤、燕子草、田福花。

【形态特征】多年生草本，近无毛。根状茎横走。茎平卧或缠绕，有棱。叶柄长 1～2 cm；叶片戟形或箭形，长 2.5～6 cm，宽 1～3.5 cm，全缘或 3 裂，先端近圆或微尖，有小突尖头；中裂片卵状椭圆形、狭三角形、披针状椭圆形或线形；侧裂片开展或呈耳形。花 1～3 朵腋生；花梗细弱；苞片线形，与萼远离；萼片倒卵状圆形，无毛或被疏毛；缘膜质；花冠漏斗形，粉红色、白色，长约 2 cm，外面有柔毛，褶上无毛，有不明显的 5 浅裂；雄蕊的花丝基部肿大，有小鳞毛；子房 2 室，有毛，柱头 2，狭长。蒴果球形或圆锥状，无毛；

图 10-24　田旋花

种子椭圆形，无毛。花期 5—8 月，果期 7—9 月。

【产地与分布】分布于东北、华北、西北及山东、江苏、河南、四川、西藏。

【生境】生于耕地及荒坡草地、村边路旁。

（25）龙葵（*Solanum nigrum* L.），如图 10-25 所示。

【别名】乌籽菜、天茄子、牛酸浆、乌甜菜。

【形态特征】一年生草本，高 30～100 cm。茎直立，多分枝。叶卵形，似辣椒叶，长 2.5～10 cm，宽 1.5～3 cm，顶端尖锐，全缘，或有不规则的波状粗齿，基部楔形，渐狭成柄；叶柄长 2 cm。花序为短蝎尾状或近伞状，侧生或腋外生，有花 4～10 朵，白色，细小；花序梗长 1～2.5 cm，花柄长约 1 cm；花萼杯状，绿色，5 浅裂；花冠辐状，裂片卵状三角形，长约 3 cm；雄蕊 5 枚；子房卵形，花柱中部以下有白色茸毛。浆果球形，直径约 8 mm，熟时黑色；种子近卵形，压扁状。花果期 9—10 月。

图 10-25　龙葵

【产地与分布】各地常见。

【生境】生于路边、荒地、农田。

（26）曼陀罗（*Datura stramonium* L.），如图 10-26 所示。

【别名】洋金花、枫茄花、万桃花、闹羊花、大喇叭花、山茄子等。

【形态特征】为一年生直立草本植物。单叶互生，花两性，花冠喇叭状，五裂；雄蕊 5 枚，全部发育，插生于花冠筒；心皮 2，2 室；中轴胎座，胚珠多数。蒴果。花萼在果时近基部环状断裂，仅基部宿存。茎粗壮直立，主茎常木质化。株高 50～150 cm，全株光滑无毛，有时幼叶上有疏毛。上部常呈二叉状分枝。叶互生，叶片宽卵形，边缘具不规则的波状浅裂或疏齿，具长柄。脉上生有疏短柔毛。花单生在叶腋或枝杈处；花萼 5 齿裂筒状，花冠漏斗状，白色至紫色。蒴果直立，表面有硬刺，卵圆形。种子稍扁、肾形，黑褐色。花单生叶腋，花冠漏斗形，长 7～10 cm，筒部淡绿色，上部白色；花冠带紫色晕者，为紫花曼陀罗。

图 10-26　曼陀罗

【产地与分布】中国各省区都有分布；广布于世界各大洲。

【生境】多野生在田间、沟旁、道边、河岸、山坡等地方。

（27）车前（*Plantago asiatica* L.），如图 10-27 所示。

图 10-27　车前

【别名】车轮菜。

【形态特征】属多年生草本，连花茎高达50 cm，具须根。叶根生，具长柄，几乎与叶片等长或长于叶片，基部扩大；叶片卵形或椭圆形，长 4～12 cm，宽 2～7 cm，先端尖或钝，基部狭窄成长柄，全缘，或有不规则波状浅齿，通常有 5～7 条弧形脉。花茎数个，高 12～50 cm，具棱角，有疏毛；穗状花序为花茎的 2/5～1/2；花淡绿色，每花有宿存苞片 1 枚，三角形；花萼 4，基部稍合生，椭圆形或卵圆形，宿存；花冠小，胶质，花冠管卵形，先端 4 裂，裂片三角形，向外反卷；雄蕊 4 枚，着生在花冠筒近基部处，与花冠裂片互生，花药长圆形，2 室，先端有三角形突出物，花丝线形；子房上位，卵圆形，2 室（假 4 室），花柱 1，线形，有毛。蒴果卵状圆锥形，成熟后约在下方 2/5 处周裂，下方 2/5 宿存。种子 4～8 枚，或 9 枚，近椭圆形，黑褐色。花期 6—9 月，果期 7—10 月。

【产地与分布】河西各地有分布。

【生境】生长在山野、路旁、花圃、菜园以及池塘、河边等地。

（28）平车前（*Plantago depressa* Willd.），如图 10-28 所示。

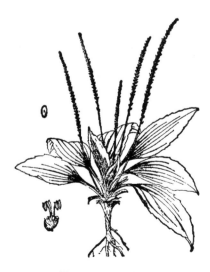

图 10-28　平车前

【别名】车轮菜、车轴辘菜、车串串。

【形态特征】多年生草本，具直根。叶全部为根生；具长柄，长为叶片 1/3 或更短，基部扩大；叶片长椭圆形或椭圆状披针形，长 4～11 cm，宽 2～4 cm。花茎高 10～30 cm；穗状花序长为花茎1/3～1/2；花冠裂片先端 2 浅裂；蒴果周裂。种子4～5 粒。花期 5—9 月，果期 6—10 月。

【产地与分布】河西各地有分布。

【生境】生长在山野、路旁、花圃、菜园以及池塘、河边等地。

（29）艾（*Artemisia argyi*），如图 10-29 所示。

【别名】冰台、遏草、香艾、蕲艾、艾蒿、医草、黄草、艾绒等。

【形态特征】多年生草本或略成半灌木状，植株有浓烈香气。茎单生或少数，褐色或灰黄褐色，基部稍木质化，上部草质，并有少数短的分枝，叶厚纸质，上面被灰白色短柔毛，基部通常无假托叶或极小的假托叶；上部叶与苞片叶羽状半裂、头状花序椭圆形，花冠管状或高脚杯状，外面有腺点，花药狭线形，花柱与花冠近等长或略长于花冠。瘦果长卵形或长圆形。花果期9—10月。

【产地与分布】河西各地有分布。

【生境】生于低海拔至中海拔地区的荒地、路旁河边及山坡等地。

图10-29 艾

(30) 蒙古蒿 [*Artemisia mongolica*(Fisch. ex besser) Nakai]，如图10-30所示。

【形态特征】多年生直立型草本，高50～120 cm。茎单一，具纵棱，常带紫褐色，被蛛丝状毛。茎生叶在花期枯萎；中部的叶有短柄，基部抱茎；羽状深裂叶具3～5深裂的小裂片，边缘有少数锯齿或全缘，顶裂片又常3裂，裂片披针形至条形；叶上面绿色，近无毛，下面密被短茸毛。花序枝斜向上升，头状花序矩圆状钟形，具短模或无梗，边缘小花雌性，中央小花两性；花冠伏钟形，紫红色，瘦果矩圆形，深褐色，无毛。花期7—8月，果期9月。

【产地与分布】河西各地有分布。

【生境】生在草原、草甸草原、森林草原带的山丘、山麓、荒地、耕地、路旁。

图10-30 蒙古蒿

(31) 蒲公英 (*Taraxacum mongolicum* Hand. -Mazz.)，如图10-31所示。

【形态特征】多年生草本。根略呈圆锥状，弯曲，长4～10 cm，表面棕褐色，皱缩，根头部有棕色或黄白色的茸毛。叶呈倒卵状披针形、倒披针形或长圆状披针形，长4～20 cm，宽1～5 cm，先端钝或急尖，边缘有时具波状齿或羽状深裂，有时倒向羽状深裂或大头羽状深裂，顶端裂片较大，三角形，或三角状戟形，全缘或具齿，每侧裂片3～5片，裂片三角形或三角状披针形，通常具齿，平展或倒向，裂片间常夹生小齿，基部渐狭成叶柄，叶柄及主脉常带红紫色，疏被蛛丝状白色柔毛或几无毛。花葶1个至数个，与叶等长或稍长，上部紫红色，密被蛛丝状白色长柔毛；头状花序直径

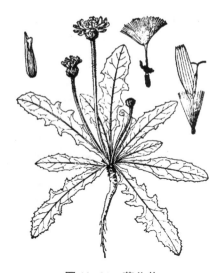

图 10-31　蒲公英

30～40 mm；总苞钟状，长 12～14 mm，淡绿色；总苞片 2～3 层，外层总苞片卵状披针形，或披针形，长 8～10 mm，宽 1～2 mm，边缘宽膜质，基部淡绿色，上部紫红色，先端增厚，或具小到中等的角状突起；内层总苞片线状披针形，长 10～16 mm，宽 2～3 mm，先端紫红色，具小角状突起；舌状花黄色，舌片长约 8 mm，宽约 1.5 mm，边缘花舌片状，背面具紫红色条纹，花药和柱头暗绿色。瘦果倒卵状披针形，暗褐色，长 4～5 mm，宽 1～1.5 mm，上部有小刺，下部具成行排列的小瘤，顶端逐渐收缩为长约 1 mm 的圆锥至圆柱形喙基，喙长 6～10 mm，纤细；冠毛白色，长约 6 mm。花期 4—9 月，果期 5—10 月。

【产地与分布】河西各地有分布。

【生境】生于中、低海拔地区的山坡草地、路边、田野、河滩。

（32）早熟禾（*Poa annua* L.），如图 10-32 所示。

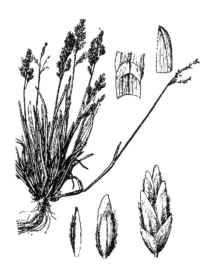

图 10-32　早熟禾

【形态特征】多年生密丛型草本。秆高 30～60 cm，具 3～4 节，顶节位于中部以下，上部常裸露，紧接花序以下和节下均有糙涩。叶鞘基部带淡紫色，顶生者长 4～8 cm，长于其叶片；叶舌长约 4 mm，先端尖；叶片长 3～7 cm，宽 1 mm，稍粗糙。圆锥花序紧缩而稠密，长 3～10 cm，宽约 1 cm；分枝长 1～2 cm，4～5 枚着生于主轴各节，粗糙；小穗柄短于小穗，侧枝基部即着生小穗；小穗绿色，熟后草黄色，长 5～7 mm，含 4～6 朵小花；颖具 3 脉，先端锐尖，硬纸质，稍粗糙，长 2.5～3 mm，第一颖稍短于第二颖；外稃坚纸质，具 5 脉，间脉不明显，先端极窄，膜质下带黄铜色，脊下部 2/3 和边脉下部 1/2 具长柔毛，基盘具中量绵毛，第一外稃长约 3 mm；内稃等长，或稍长于外稃，脊粗糙具微细纤毛，先端稍凹；花药长 1～1.5 mm。颖果长约 2 mm，腹面有凹槽。花果期 6—8 月。

【产地与分布】产河西各地。

【生境】生于山坡、草地、农田。

（33）赖草 ［*Aneurolepidium dasystachys*（Trin.）Nevski］，如图 10-33 所示。

【形态特征】多年生草本植物，秆单生或丛生，直立，高可达 100 cm，叶鞘光滑无毛，叶舌膜质，截平，叶片扁平或内卷，上面及边缘粗糙，或有短柔毛，穗状花序直立，灰绿色；穗轴被短柔毛，小穗含小花；小穗轴的节间贴生短毛；颖短于小穗，线状披针形，第一颖短于第二颖，外稃披针形，边缘膜质，内稃与外稃等长，6—10 月开花结果。

【产地与分布】产河西各地。

【生境】生于山坡、草原、沟边、农田。

图 10-33　赖草

（34）稗 ［*Echinochloa crus-galli*（L.）P. Beauv.］，如图 10-34 所示。

图 10-34　稗

【形态特征】一年生草本植物。秆高 50～150 cm，光滑无毛，基部倾斜或膝曲。叶鞘疏松裹秆，平滑无毛，下部者长于而上部者短于节间；叶舌缺；叶片扁平，线形，长 10～40 cm，宽 5～20 mm，无毛，边缘粗糙。圆锥花序直立，近尖呈塔形，长 6～20 cm；主轴具棱，粗糙或有疣基长刺毛；分枝斜上举或贴向主轴，有时再分小枝；穗轴粗糙或生疣基长刺毛；小穗卵形，长 3～4 mm，脉上密被疣基刺毛，具短柄或近无柄，密集在穗轴的一侧；第一颖三角形，长为小穗的 1/3～1/2，具 3～5 脉，脉上具疣基毛，基部包卷小穗，先端尖；第二颖与小穗等长，先端渐尖，或具小尖头，具 5 脉，脉上具疣基毛。第一小花通常中性，其外稃草质，上部有 7 脉，脉上有疣基刺毛，顶端延伸成一粗壮的芒，芒长 0.5～1.5（3）cm，内稃薄膜质，狭窄，具 2 脊；第二外稃椭圆形，平滑，光亮，成熟后变硬，顶端有小尖头，尖头上有一圈细毛，边缘内卷，包着同质的内稃，但内稃顶端露出。花果期夏秋季。

【产地与分布】产河西各地。

【生境】生于沟边、农田。

（35）芦苇（*Phragmites australis*），如图10-35所示。

图10-35　芦苇

【形态特征】多年生草本植物，根状茎十分发达。秆直立，高1～3（8）m，直径1～4 cm，具20多节，基部和上部的节间较短，最长节间位于下部第4～6节，长20～25（40）cm，节下被蜡粉。叶舌边缘密生一圈长约1 mm的短纤毛，两侧缘毛长3～5 mm，易脱落；叶片披针状线形，长30 cm，宽2 cm，无毛，顶端长，渐尖成丝形。圆锥花序大型，长20～40 cm，宽约10 cm，分枝多数，长5～20 cm，着生稠密下垂的小穗；小穗柄长2～4 mm，无毛；小穗长约12 mm，含4花。颖具3脉，第一颖长4 mm；第二颖长约7 mm。第一不孕外稃雄性，长约12 mm，第二外稃长11 mm，具3脉，顶端长，渐尖，基盘延长，两侧密生等长于外稃的丝状柔毛，与无毛的小穗轴相连接处具明显关节，成熟后易自关节上脱落；内稃长约3 mm，两脊粗糙；雄蕊3枚，花药长1.5～2 mm，黄色；颖果长约1.5 mm。

【产地与分布】产河西各地。

【生境】江河湖泽、池塘、沟渠沿岸、低湿地、农田。

参考文献

陈叶，马银山，2006. 植物学实验指导［M］. 天津：天津大学出版社.

胡晋，2010. 种子贮藏加工学［M］. 2版. 北京：中国农业大学出版社.

雷玉明，2021. 玉米制种田病害鉴定与防治［M］. 北京：中国农业出版社.

潘显政，2006. 农作物种子检验员考核学习读本［M］. 北京：中国工商出版社.

秦嘉海，王进，2005. 北方作物营养与施肥［M］. 兰州：兰州大学出版社.

王迪轩，杨雄，王雅琴，2020. 玉米优质高产问题［M］. 北京：化学工业出版社.

王建华，张春庆，2005. 种子生产学［M］. 北京：高等教育出版社.

张春庆，王建华，2006. 种子检验学［M］. 北京：高等教育出版社.

中国科学院北京植物研究所，1976. 中国高等植物图鉴［M］. 北京：科学出版社.